WAIC

智联世界

——AI 行业前瞻思想荟萃

世界人工智能大会组委会　编

上海科学技术出版社

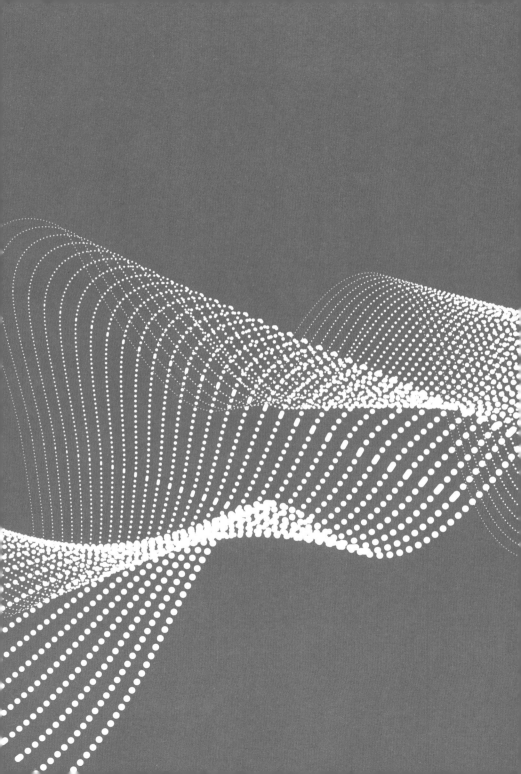

"新一代人工智能正在全球范围内蓬勃兴起，为经济社会发展注入了新动能，正在深刻改变人们的生产生活方式。"

"中国愿在人工智能领域与各国共推发展、共护安全、共享成果。"

———摘自习近平总书记
致2018世界人工智能大会的贺信

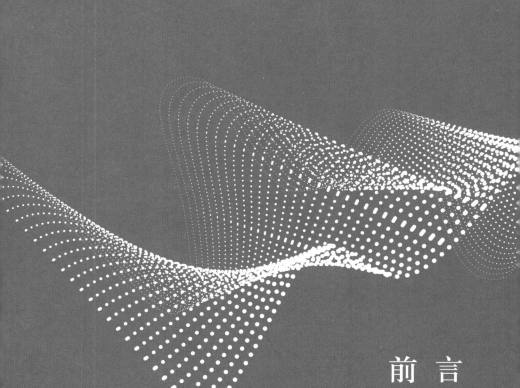

前 言

2019世界人工智能大会以"智联世界　无限可能"为主题，于2019年8月29—31日在上海成功举办。来自世界各地的人工智能顶级科学家、企业家、投资家、开发者以及关心人工智能发展的各界人士齐聚黄浦江畔，围绕全球人工智能的技术演进、产业赋能、生态构建和社会影响等主题，提出了许多很有价值的理念、观点和见解、建议，得到业界和全社会的广泛关注。

作为面向人工智能这一重要新兴技术领域的国际高端交流平台，世界人工智能大会已成功举办两届。2018年9月，习近平总书记向首届世界人工智能大会发来贺信，从战略和全局的高度，深入阐明了新一代人工智能的发展态势，表明了中国愿在人工智能领域与各国共推发展、共护安全、共享成果的鲜明态度，为推动人工智能快速健康发展指明了方向。在连续两年的世界人工智能大会开幕式上，中共中央政治局委员、上海市委书记李强致辞时都强调，要深入贯彻落实习近平总书记重要指示精神，充分发挥上海的科教资源优势、应用场景优势、数据海量优势、基础设施优势，全力打造人工智能创新策源、应用示范、制度供给、人才集聚高地，与海内外朋友携手共创人工智能发展新篇章。

为了让更多的人分享世界人工智能大会的思想和学术成

果，应各界需求，大会组委会决定将大会重要嘉宾的演讲、发言等汇编为以"智联世界"为题的系列图书出版。本书作为第二册，以大会各场主题论坛、行业论坛和特色活动的嘉宾演讲精华为主，共汇集28场论坛活动、126位嘉宾的精彩观点，围绕"产业经济新动能""理论技术新趋势""行业生态新理念"3大主题，分析当前人工智能对各行各业的赋能与改变，研判人工智能科学的理论前沿和核心技术突破方向，应对人工智能发展对人类社会带来的潜在挑战，全面展现世界人工智能最新发展态势，探讨未来智能世界的无限可能。

本书旨在为相关专业人士和广大读者理解把握人工智能发展趋势、参与世界人工智能大会和上海人工智能高地建设、推动我国新一代人工智能健康发展提供有益参考。

世界人工智能大会组委会

2020年4月

目 录

中篇　理论技术新趋势

下篇　行业生态新理念

WAIC

上 篇

产业经济新动能

　　人工智能技术的不断成熟与落地应用，加速了工业、医疗、教育、金融、商贸等行业领域的智能化转型，催生了一批以"AI+"为特征的新业态和新模式。人工智能成为我国社会经济转型发展的重要新动能，以人工智能为核心驱动力的智能经济新阶段已经到来。本篇围绕"产业经济新动能"，介绍了2019世界人工智能大会中12场论坛相关情况，选编了67位嘉宾的精彩观点，主题涵盖AI+工业、AI+教育、AI+医疗健康、AI+智慧城市、AI+零售、AI+金融、智能芯片、智能传感器等。

1. "AI变革　洞见工业未来"
——全球工业智能峰会

当前，我国正大力推动人工智能与实体经济深度融合，促进工业智能化转型。作为改革开放前沿的上海，正加快实施AI+工业互联网创新发展战略，推动"5G+工业互联网"融合应用，有力支撑制造业高质量发展。

2019全球工业智能峰会是世界人工智能大会的重要高端论坛之一。2019年8月30日上午，以"AI变革　洞见工业未来"为主题的2019全球工业智能峰会在沪召开。本次峰会由世界人工智能大会组委会主办，上海市经济和信息化委员会、江苏省工业和信息化厅、浙江省经济和信息化厅、安徽省经济和信息化厅、中国信息通信研究院、工业互联网产业联盟（AII）、联合国工业发展组织上海投资促进中心、日本工业价值链促进会等联合承办。上海市副市长彭沉雷、联合国工业发展组织贸易投资和创新司司长伯纳多·卡萨迪利亚·萨尔米恩托（Bernardo Calzadilla-Sarmiento）、国际电信联盟秘书长赵厚麟、工业和信息化部信息化和软件服

务业司巡视员李颖等为峰会致辞。来自政府部门、国际组织、全球领军企业和工业互联网/工业智能领域的代表超过2 000人次参加。

本次峰会聚焦全国两会关于深化人工智能、工业互联发展的相关精神，由"1个开幕式+3个分论坛"构成。

在峰会开幕式上，中国信息通信研究院联合10家重点机构和重点行业企业代表共同签署《长三角工业互联网标识解析合作协议》，围绕推动工业互联网标识解析国家顶级节点（上海）覆盖行业二级节点和长三角区域达成战略合作；上海电

气集团总裁黄瓯现场发布了《工业智能上海倡议》；中国工程院高金吉院士、柴天佑院士分别从人工智能在装备自主健康、制造流程优化等不同场景的应用展开主题演讲，德国国家科学与工程院院士、中德智能技术博士研究院德方院长阿克塞尔·库恩（Axel Kuhn）与中德智能技术博士研究院中方院长房殿军开展同台对话；首个《智能经济和智能社会发展报告》和《工业智能白皮书》面向全球发布，洞察智能经济和工业智能发展趋势；由多家开发者社区倾力打造的、面向工业互联网开发者群体的工赋工业互联网平台开发者社区正式上线；

施耐德电气、Landing AI、中国联通、国家电网围绕各自行业和领域分别进行了实践经验分享和交流。本次峰会正式启动建设长三角G60工业互联网创新应用体验中心，11家重点机构和行业企业代表共同签署了长三角工业互联网标识解析战略合作框架协议，面向长三角重点行业二级节点全面覆盖，开启长三角一体化发展的新篇章。

下午3大分论坛主题分别为"全球视角下的工业智能生态""长三角工业互联网高峰论坛暨工业造就者之旅""工业互联网开发者大会"。

分论坛一：全球视野下的工业智能生态

以"全球视野下的工业智能生态"为主题的分论坛在上海世博中心 616 会议室举办，旨在分享中、美、德、日等不同国家、不同机构和企业如何应对新一轮工业发展挑战，以及采取什么样的策略，为推进我国工业互联网和工业智能化提供新思路、新方法。

出席本次论坛的部分领导和嘉宾有中国信息通信研究院副院长何桂立，中德智能技术博士研究院中方院长、德国弗劳恩霍夫物流研究院中国首席科学家房殿军，日本工业价值链促进会总秘书长渡部裕二，工业互联网产业联盟秘书长、中国信息通信研究院副院长余晓晖，埃森哲应用智能业务董事兼总经理罗伯特·吉梅诺（Robert Gimeno），上海电气集团数字科技有限公司执行董事兼总经理程艳，中科云谷科技有限公司 CEO 王晓冬，海尔数字科技（上海）有限公司总经理谢海琴，上海电器科学研究所（集团）有限公司副总裁吴小东，中国联合网络通信有限公司上海市分公司物联网运营中心总经理黄璿。与会的还有全球各地、国内外工业互联网和工业智能领域的行业组织、研究机构、专家学者、企业代表等。

在圆桌论坛上，日本工业价值链促进会总秘书长渡部裕二，中德智能技术博士研究院中方院长、德国弗劳恩霍夫物流研究院中国首席科学家房殿军，中国联合网络通信有限公司上海市分公司物联网运营中心总经理黄璠，上海电器科学研究所（集团）有限公司副总裁吴小东，分别就各自公司的特色、工业互联网趋势及生态链等问题展开交流。

分论坛二：
长三角工业互联网高峰论坛暨工业造就者之旅

以"长三角工业互联网高峰论坛暨工业造就者之旅"为题的分论坛在上海世博中心617会议室举办。

分论坛由工业互联网产业联盟上海分联盟常务副秘书长王旭琴主持，出席嘉宾有工业和信息化部信息化和软件服务业司巡视员李颖，安徽合力股份有限公司董事长张德进，宁波工业互联网研究院创始人、中控科技集团有限公司创始人褚健，中微半导体设备（上海）股份有限公司董事长兼首席执行官尹志尧，中国航天科工集团有限公司第二研究院206所副所长白彭英，上海上飞飞机装备制造有限公司董事长刘汉涛，正泰集团股份有限公司副总裁兼研究院院长栾广富，江苏中天科技软件技术有限公司、江苏中天互联科技有限公司总经理时宗胜，浙江中之杰智能系统有限公司总裁苏玉学，威马汽车合伙人、资深副总裁徐焕新，以及长三角政府机构领导。出席会议的还有国内外工业互联网和工业智能领域的行业组织、研究机构、专家学者、企业代表。

论坛还召开了创新奇智科技有限公司成果发布会。创新奇智CTO张发恩亲临现场，介绍公司的AI+制造业务布局、ManuVision工业视觉平台及其在多个场景的创新应用。香港怡东针织制衣有限公司执行董事方力浩结合企业自身的应用实践，分享了怡东服装制造工厂采用创新奇智AI技术进行服装质检的案例。在圆桌论坛上，威马汽车合伙人兼资深副总裁徐焕新，江苏中天科技软件技术有限公司、江苏中天互联科技有限公司总经理时宗胜，浙江中之杰智能系统有限公司总裁苏玉学，安徽合力股份有限公司总经济师张孟青，围绕企业在工业互联网领域发展的经验及对长三角工业互联网建设的建议等内容进行了研讨。圆桌论坛由宁波工业互联网研究院创始人、中控科技集团有限公司创始人褚健主持。

分论坛三：工业互联网开发者大会

工业互联网开发者大会在上海世博中心518会议室举办。

论坛由阿里巴巴开源事务总监滕爱龄主持，工业互联网产业联盟秘书长、中国信息通信研究院副院长余晓晖致辞。

论坛邀请了工业互联网联盟（IIC）技术工作组及架构任务组联席主席、上海优也信息科技有限公司CTO林诗万，钉钉（中国）信息技术有限公司副总裁张斯成，罗克韦尔自动化（中国）有限公司NSS Team工控安全高级研究员王宏善，工赋工业互联网开发者社区联合创始人、上海积梦智能科技有限公司创始人兼CEO谢孟军，真格基金董事总经理兼华东区负责人顾旻曼，中南高科产业集团高级副总裁兼研究院院长陈治，苏州九点半智能科技有限公司创始人兼CEO白新奋做演讲。圆桌对话以"工业互联网开发者生态，我们需要做什么"为主题，由工赋工业互联网开发者社区联合创始人、上海积梦智能科技有限公司创始人兼CEO谢孟军主持，上海理想集团总经理陆晋军、真格基金董事总经理兼华东区负责人顾旻曼、中南高科产业集团高级副总裁兼研究院院长陈治、苏州九点半科技创始人白新奋参与讨论。

嘉宾观点

中国工程院院士、北京化工大学教授高金吉指出，现代大工业机器的崛起催生了"人工自愈"的概念，人工自愈拓展了仿生学、控制论和人工智能的研究领域。人工自愈将会促进装备的智能化由可控化、自动化真正过渡到具有自愈功能的高级智能。人工自愈改变传统理念、创新设计，让未来的机器装

高金吉

备和制造系统，乃至所有的人造物系统自主健康，助力于下一轮工业革命迈进自愈化时代。人工自愈与人工智能一样是新兴交叉学科，应列入基础学科发展行列，应该重视加强自愈化和自主健康装备的开发应用。

中国工程院院士、东北大学教授柴天佑指出，要实现制造业的高效化与绿色化，必须实现制造流程智能化。这就需要将操作者、控制系统和制造装备转变为智能自主控制系统，将企业信息管理系统转变为人机合作的智能化管理与决策系统。

柴天佑

因此，我们必须发展工业人工智能技术，攻克如下关键技术：复杂工业环境下运行工况中多尺度、多元信息的智能感知和识别技术，复杂工业环境下基于5G多元信息的快速可靠的传输技术，系统辨识与深度学习相结合的智能建模、动态仿真和可视化的技术，关键的工艺参数和生产指标的预测和追溯技术，人机合作的智能优化决策技术，以及结合端、边、云协同实现智能算法的技术。

中国信息通信研究院副院长何桂立认为，工业互联网

何桂立

作为互联网从消费领域向生产领域，从虚拟经济向实体经济拓展的核心载体，已经日益成为新工业革命的关键基础设施。工业互联网与深度学习智能图谱等人工智能技术的深度融合，将极大地促进工业智能的发展，推进制造业加速迈进高质量发展的新阶段。当前人工智能在工业制造领域的应用，仍处于探索发展期，急需各方在工业智能的概念、类型、应用场景、技术特点、产业发展等方面尽快形成共识，特别是构建开放共享的产业生态体系，更需要国际国内各方面深入务实合作，攻坚克难。一是要强化基础设施的建设，夯实生态基础。通过加快5G网络建设，开展工业互联网内网改造，推动标识解析建设，着力打造多层次工业互联网平台体系，积极推进百万家企业上云、百万工业App培育，来夯实工业智能化发展基础。二是要推进优化资源跨界融合。打造工业智能生态圈、建立工业智能生态，既需要企业界、信息通信业、金融业等各行业的资源融合，也需要产学研用协同、产业链广泛协作，构筑创新驱动发展新动力，加快构建工业智能生态圈。三是要深入国际合作，促进开放发展。工业智能生态，既需要聚焦国内，更要立足国际，深化各国产业界在政策法规、参考架构、技术标准等方面的探讨和交流，解决网络互联、数据互通、商业模式、安全保障等各方面的问题，共同构建开放共享的工业智能生态体系。

　　工业互联网产业联盟秘书长、中国信息通信研究院副院长余晓晖认为，当前数字浪潮、数字革命有3个要素，即网络、数据、安全，其中网络连接是基础，数据是核心，是数字孪生的闭环，是IT和OT融合智能化的闭环。生产优化更多是在生产层面把过去的自动化赋能变得更智能化所形成的方式。工业智能分成三阶段，从机械规则专家系统、机器统计分析到深度学习知识图谱。工业互联网为工业提供了一个数字化、网络化、智能化转型的方法论和路径，工业智能是工业互联网内在的必然基因。要实现工业互联网所追求的价值和目标，必然且必须借助于工业智能。

余晓晖

工业互联网产业需要开源社区，需要很多工具、标准，需要来自工业界，了解自动化、软件、大数据、通信的各类专业人士在一起沟通产业生态，构建开发者社区，共同支持工业互联网参考架构、微服务，以及关键技术的攻关测试，针对各个场景进行应用开发。要推动社会资本加大对工业互联网开源社区和创新的投入力度，共同发起工业互联网开发的开源项目，积极参与全球的发展。

上海电气集团数字科技有限公司执行董事兼总经理程艳指出，上海电气工业互联网建设伴随着企业的服务化、数字化

程艳

转型而同步开展。通过工业互联网服务，去跟踪客户行为，通过软件订阅给客户提供运维优化、做资产托管。未来，其目标主要是四方面，即夯实平台基础、创新商业模式、拓展平台领域、构建内外生态。通过工业互联网平台建设、生态建设和应用打造，助力上海电气内部服务业务，从原来被动式服务向预见式服务转变。

埃森哲应用智能业务董事兼总经理罗伯特·吉梅诺认为，人工智能对于企业产值具有明显的赋能效益。生产制造业、农

罗伯特·吉梅诺

林渔业和批发零售业是获益最为明显的三大领域。一方面，人工智能凭借机器学习和大数据处理能力高效完成重复性劳动，通过海量大数据不断地训练和自我学习，提出全新解决方案；另一方面，人工智能还能让劳动力与机器设备实现互联互通，将生产、制造等各环节打通。

埃森哲研究显示，仅有不到半数的企业正在整个组织中战略性地使用AI技术。我们可以将实施战略归纳为3大类型（以及它们的混合），每种选择都尤其适用于特定的场景：一是创建，意味着使用内部能力来打造核心AI解决方案；二是购买，企业通常也可以通过购买软件、程序接口或使用开源代码来利用AI技术；三是合作，安排企业内部的业务专家与拥有AI技术的组织开展合作，能够有力地加速推进AI项目。以上三者之间并没有本质的优劣之分。企业需要通过可行性、契合度、数据、战略影响和能力这五方面的考量，来选择最为合适的解决方案。

海尔数字科技（上海）有限公司总经理谢海琴指出，海尔认为工业互联网的本质是满足人民日益增长的美好生活需要，这主要分为3个层次：对用户来讲，创造高端化、个性化最佳体验；对行业和企业来讲，处于不同发展阶段，都存在转型升级的机会，实现由大规模制造向大规模定制的转型；对国家来讲，工业互联网推动大企业提炼发展经验，输

谢海琴

出和赋能中小企业。海尔在探索工业互联网的道路上采取两
条路径：一是人单合一模式，重点引入用户全流程参与体验；
二是大规模定制，实现个性化，满足不同人群需求。海尔的
COSMOPlat 开放资源，将海尔 30 余年制造经验产品化、数字
化、社会化，跨行业、跨领域赋能企业转型升级，覆盖了纺
织、服装、建陶、房车、农业、医疗等 15 个行业以及采购、
供应链、定制等 7 个模块，为全球用户提供衣、食、住、行、
康、养、医、教等全方位的美好生活体验。

中科云谷科技有限公司CEO王晓冬认为，要创造一个持久的商业模式，必须要解决3个问题：能带来生产效率的提升；能够创造增量的市场；能够降低生产成本。中科云谷是由全球工程机械龙头企业中联重科所孵化的工业智能和工业互联网高科技公司，致力于推动传统制造业向数字化与智能制造转型发展，团队主要来自中联重科以及全球知名工业企业以及互联网企业。中科云谷落户上海临港，计划持续投入进行工业互联网技术研发和应用，打造跨行业、产融结合的国家级工业互联网平台，成长为全球领先的工业互联网独角兽公司，助力产业升级。

王晓冬

中国联合网络通信有限公司上海市分公司物联网运营中心总经理黄璿认为，运营商在未来产业链当中的定位，应该是基于网络平台和安全做好一个赋能者，将构建的能力提供给企业，并且基于场景化实现更大价值。关于 5G 的应用，针对工厂内外的不同场景可以作细分。在工厂内，5G 可以支持低延时和高速率的 VR、AR 的应用，5G 的大并发可以提供全连接的管控、高速率用于大量视频的传送。在工厂外，5G 可以用于设计研发协同、生产协同、物流管控以及最终产品的服务延伸。

黄璿

上海电器科学研究所（集团）有限公司副总裁吴小东提出，上海电器科学研究所从建所之初的定位就是技术先导、服务先导、产业先导，推进行业技术进步。在当前新技术融合大背景下，AI加上工业应用，加上工业技术特点，才能产生客户价值。从工业智能技术角度来看能源互联网，应该说能源互联网技术特征特别符合工业智能。能源互联网正在融入智能感知、智能传输、智能预测以及智能优化控制，形成一个闭环。能源互联网将给传统电力带来革命性的变革，最终两者融合会打造一个可持续生态，其中主要的角色涉及发电侧、输电网、用户。构建工业智

吴小东

能生态圈，用一句话来总结就是"实践、交流、标准"，即实践新技术，加强全球化的交流和国际标准化。

中控科技集团有限公司创始人褚健认为，流程工业企业在向数字化、网络化、智能化转型过程中，其生产、管理、运营各环节逐步暴露出不少问题。而从工业 3.0 到工业 4.0 转型的核心，是解决企业所关心的安全生产、绿色环保、节能降耗、提高质量、减员增效等 5 个问题，这也是任何一个流程工业企业必须解决的问题。

褚健

　　基于此，中控及广大生态圈伙伴正围绕着企业安全、能源、生产、管控、供应链、资产管理等方面的内容，搭建工业操作系统，并不断开发和丰富相应的工业软件和App，通过工业大数据深度应用功能，借助学习最有经验的操作工，结合设备的健康数据和生产的质量、产量、能耗等相关数据，通过更加便捷、高级的自助分析工具，形成面向特定装置、专项设备的最佳操作模型。

　　褚健强调，"软件定义世界，软件定义工业未来"。基于工业操作系统supOS的工业整体解决方案App和工业软件，将围绕流程工业企业安全、降本、提质、增效、环保5大智能制造目标，通过解决生产控制、生产管理和企业经营的综合问题，让企业始终牢牢掌握自身发展的主动权。

　　浙江中之杰智能系统有限公司总裁苏玉学提出，中之杰不断探索从传统制造向智能制造的数字化转型，从传统营销向以数字营销为手段的全渠道营销转型，从传统管理向以共享服务为代表的运营管理数字化转型。目前，已经形成了以自主研发的工业互联网平台（Tn）、云制造平台（一云通）、数字化工厂（D-Work）等数字化平台为核心的行业解决方案，并建立了一支具备各类专业知识与技能的顾问团队，拥有了完备的企业数字化转型端到端的服务能力。中之杰公司已经成为一家以自有工业互联网平台为核心，帮助中小微企业实现数字化

苏玉学

转型、引领数字化生态建设的综合服务商。我们的使命是致力于成为中小微企业数字化转型第一伙伴，以数字化手段帮助客户提高组织的运营效率、效益与竞争能力，实现客户价值，帮助中小微企业实现在数字经济新时代的全面业务创新与业务转型。中之杰正在聚焦"连接、智造、生态"的战略模式，与中国电子标准化研究院、中国信息通信研究院、腾讯、罗兰贝格、SAP、Oracle、Honeywell、工业互联网产业联盟、中科院宁波信息技术研究院等各领域合作伙伴深度合作，构筑一个资源富集、多方参与、优势互补、创新共赢的数字化生态，与众多合作伙伴一起携手踏上数字化转型之旅。

　　罗克韦尔自动化（中国）有限公司 NSS Team 工控安全高级研究员王宏善提出，全场融合以太网架构（CPWE）是由罗克韦尔和制造型企业，以及微软等传统 IT 公司共同打造的设计架构，能够实现从 IT 到 OT 无缝的连接，让彼此的信息和协议相互无干扰地进行连接。

　　当前在工业以太网里，工程师、主任、厂长等远程维护者，通过互联网接入企业的边界路由器，经过防火墙，穿过交

王宏善

换机做了认证之后，再穿过防火墙，通过工业的核心交换机，然后到PLC。这相当于挂了两级VPN，其中一个是企业级的VPN，企业集团的用户进来之后，到下面再做认证，这说明企业级的工业用户，受权之后才能进入。

中南高科产业集团高级副总裁兼研究院院长陈治认为，中小企业家的痛点在于不知道怎么做或者不知道找谁做，不知道技术提供方在哪里，如自动化的改造、降低成本、网络化的协同等。

陈治

数据化打通之后整个体系会转变经营发展之路，包括现在主要在做个性化或者柔性生产的公司，甚至产品型公司都会往服务型公司转型。这里面蕴含巨大的机会。

上海理想信息产业集团有限公司总经理陆晋军认为，现阶段工业互联网整体是国家在推动，痛点主要表现在4个方面：一是从环境层面来讲，工业水平参差不齐，对工业互联网的理解认知还有待进一步提高；二是从政策引导来讲，虽然力度很大，但大多被一些知名企业拿走了。政策更多是在做锦上添花的事情，雪中送炭的不够多；三是从技术层面来讲，数据采集层面遇到很多问题，有终端、协议、网络的，包括在企业里网络的部署都会遇到很多问题；四是从人才层面来讲，IT出身的较多，将IT与工业业务两者结合的人才较为紧缺。

陆晋军

　　苏州九点半智能科技有限公司 CEO 白新奋指出，传统的互联网和消费互联网核心是流量，把握一个方向获得流量，能够通过这个流量看到数据，数据更新迭代速度非常快。做产业互联网跟传统行业最大的区别是，产业互联网需求藏得很深，需要不断和行业里的人交流，和老板、生产线上的人交流。必须选定产业领域的伙伴，才能进入这个行业。

白新奋

2. "芯技术　芯架构　芯安全"
——AI 引擎"芯"未来峰会

2019年8月30日，2019世界人工智能大会——AI引擎"芯"未来峰会在上海世博中心红厅顺利召开。该峰会是2019世界人工智能大会的重要主题论坛之一，由世界人工智能大会组委会主办，赛迪顾问股份有限公司承办。

本次峰会以"芯技术　芯架构　芯安全"为主题，从产业、技术、应用等多角度剖析人工智能芯片发展，各级政府领导、知名学者、企业领袖及行业用户等齐聚一堂，通过主题演讲、高峰对话、内部研讨的形式，探讨更多元、更开放的芯片世界，碰撞边缘智能发展新命题。

上海市人大常委会副主任肖贵玉、工业和信息化部科技司副司长朱秀梅分别为此次峰会致辞，中国工程院院士倪光南、清华大学微电子所所长魏少军发表演讲，赛迪顾问股份有限公司总裁孙会峰发布了赛迪顾问最新的研究成果《中国人工智能芯片产业发展白皮书》。云从科技、嘉楠科技、Gyrfalcon、欧拉认知智能科技等企业参与了主题为"持续创新与跨越发

展”的精彩高峰对话，共同把脉人工智能芯片产业发展现状与趋势。

嘉宾观点

中国工程院院士倪光南认为，开源芯片是未来潮流，可借鉴软件领域开源软件蓬勃发展的经验，以开源这种开发模式和推广模式促进芯片产业创新发展。新架构迎来新市场，RISC-V是一个非常具有前景的开源芯片新星，开源免费的RISC-V芯

倪光南

片易于实行产业化，但同时也面临着碎片化问题和生态缺乏的挑战。当前，应积极建立相应的产业联盟和基金会，扩展RISC-V 的生态圈，降低开发门槛，鼓励创新应用。从这个意义上来说，RISC-V 对于当前国家提倡的新一代信息技术，诸如人工智能、5G、物联网、大数据、云计算、区块链等，都是很好的支撑。

　　清华大学微电子所所长魏少军表示，人工智能的发展趋势将表现为无处不在，这对芯片提出了更高的需求。根

魏少军

据相关信息估计，2025 年，全球人工智能芯片销量有望超过 660 亿美元，而芯片的未来发展方向，在于人工智能所期待的通用、高效、低能耗。人工智能芯片的发展需要算法与硬件设计的协同。今天，人工智能芯片正在迈向新阶段，即所谓的人工智能芯片 2.0 阶段。在这一阶段，需要考虑更多的是芯片能不能适应更多的算法和应用，以及探讨芯片的可编程性和可重构性，进而提升芯片的自我学习能力。通用人工智能处理器将成为 AI 芯片发展的重要突破点。

赛迪顾问股份有限公司总裁孙会峰指出，人工智能芯片产业发展存在4大趋势：一是芯片开发从技术难点到场景痛点；二是技术路线从专用芯片到通用芯片；三是智能计算从云端到云边一体；四是合作从串行分工到融合共生。因此，对于人工智能产业生态中的各个角色而言，作为企业，更需要关注场景的落地；对于专业园区来说，需要重点抢位布局；对于机构来讲，需要更加关注节奏力度。

孙会峰

美国高通技术公司全球副总裁赖纳·克莱门特（Reiner Klement）认为，人工智能市场前景广阔。高通技术公司（Qualcomm Technologies，Inc.）是世界领先的无线技术创新者，长期以来一直致力于发展突破性的基础技术，这些技术改变了世界的连接、计算和通信方式。高通10多年来一直专注于人工智能及其应用的研究，并推动人工智能与5G的结合。例如，C-V2X和AI将为更先进的自动驾驶铺平道路。此外，5G将提供新的能力，将解锁分布式人工智能与边缘云计算，为不同行业提供一个新的增长向量。

赖纳·克莱门特

　　新思科技全球资深副总裁奇基布·阿克鲁提（Chekib Akrout）认为，半导体应用的新生态给行业带来了新机遇，未来将涌现非常多的芯片设计，借助人工智能芯片设计进一步加速，芯片的性能进一步增强。在这个过程中，软实力将为硬芯片赋能，而人工智能芯片的开发，也可以从人类智能中获得启发。与此同时，一个新的理念需要被树立——先要有更好的架构，其次要系统性地看待架构的发展，不只看软件、硬件、CPU、GPU，要令芯片性能可以随着时间演化不断提升。目前不同行业、不同产业都希望应用人工智能技术发挥优势，但是

奇基布·阿克鲁提

不同行业有不同的专业语言，因此需要有更多跨领域、跨行业的合作，才能更好地利用各个行业的成果去推进人工智能算法演进。

地平线创始人兼总裁余凯认为，车载芯片将在汽车驶向超级计算机时代的过程中扮演重要的引领角色。边缘计算是最具有产业规模的发展方向，其中最大的挑战是车载的人工智能计算。与此同时，人工智能时代带来了架构设计的黄金时代，要求软件和硬件的高度协同。应该尤其关注编译器的优化，才能实现以更低的能耗去做更加高效的设计。至 2030 年，整车

余凯

成本结构会发生巨大变化，计算平台以及软件会成为整车平台里的重点，人类将从此迈向四轮超级计算机的未来。

云从科技副总裁张立表示，云从作为专注于计算机图像技术的人工智能企业，在AI落地场景侧的过程中会运用大量的芯片。目前的问题是单一的通用性芯片满足不了多样化的业务需求，特别是应用端的芯片。所以我们在推行AI技术应用到场景侧的过程中，需要不断解决AI算法、芯片、模组的选型和适配问题。而产业的发展又导致算法和芯片设计在不同的

张立

领域里，目标都不一样。为了能将算法和芯片结合的性能最优化，现在出现一种趋势——算法公司开始自己进入芯片设计领域。这种趋势从芯片行业来看，感觉是突然进来一群背景不一样的新生力量。这些新生力量不仅掌握了 AI 算法，还要往上游去掌握芯片设计，其实这里存在很大的积累鸿沟。当然，算法公司做芯片设计从资源上考虑是否经济，需要市场来验证。但是，从产业发展的角度，建议政府可以考虑把产业基础的标准和生态做起来。

嘉楠科技 CEO 张楠赓认为，AI 芯片的"端"侧和"云"

张楠赓

侧的发展是不同的，每一个端侧的场景都较为独立，对功耗和成本有更高的要求，因此在发展端侧的过程中，除了要降低功耗和成本，也要瞄准应用场景，从通用更多地转向专用。但是目前业内对专用的理解并不一致，因此在现阶段应把场景和算法落实。另外，政府的作用将非常巨大。现在很多落地的场景是碎片化的，尚无产业标准，因此政府应该加强产业标准化的相关工作，更好地助力产业蓬勃发展。

3. "人工智能助力教育现代化"
——教育行业主题论坛

  以"人工智能助力教育现代化"为主题的2019世界人工智能大会教育行业主题论坛于2019年8月29日在上海世博中心顺利举行。本次教育论坛由世界人工智能大会组委会主办、上海市教育委员会指导、上海市电化教育馆承办。上海市人民政府副市长陈群、教育部科技司司长雷朝滋出席论坛并致辞。1 500余位来自全国各地教育厅、高校、中小学、电化教育馆、各级各类教育企事业单位的专家和教育工作者出席了论坛。

  论坛由签约倡议、专家论道、对话企业和圆桌会议等环节组成。"签约"环节，上海市教育委员会联合一批致力于互联网+教育领域并取得业界高度认可的人工智能企业，共同签署了智慧教育政企合作战略框架协议，华为、阿里巴巴、腾讯、中国电信、中国联通、科大讯飞、好未来、万达信息、华渔教育、晓信科技、天闻数媒等具有良好教育研发基础、致力于教育信息化发展的企业参与其中。

　　"倡议"环节，由上海市电化教育馆牵头，联合科大讯飞、好未来、流利说、晓信科技、义学、一起教育科技等10多家相关企业共同发布《人工智能助力教育健康发展倡议书》，该倡议旨在充分发挥人工智能技术对教育的推动作用，助力教育综合改革，促进政府管理、企业履责、社会监督、行业自律等多主体参与的综合协同治理体系的建立。

　　"专家论道"环节，上海市教育委员会主任陆靖，中国科学院院士、浙江大学校长吴朝晖，西安交通大学教授、中国工程院院士郑南宁，西安电子科技大学校长、国家数字化学习工程技术研究中心主任杨宗凯，美国卡内基梅隆大学计算机学院

教授汤姆·米切尔（Tom Mitchell）、美国斯坦福大学教育学院院长丹尼尔·刘易斯·施瓦茨（Daniel Lewis Schwartz）发言，为形成更多有效的教育现代化解决方案提供成功经验、开拓新的思路。

"对话企业"环节，来自腾讯、好未来、流利说、华渔教育、弘衍信息科技等教育信息化企业代表分别从智慧校园解决方案、AI助教、虚拟实验室、数据分析和算法迭代的评价体系、学生阅读数据画像等方面出发，讲述了近年来企业投身教育信息化，不断研发和完善以学习者为中心的智能教育系统，助力"大规模因材施教"的探索和实践。

　　"圆桌会议"环节，上海市闵行区教育局局长恽敏霞，浙江省教育厅党委委员、副厅长于永明，上海市经济和信息化委员会副主任阮力和众多学者、教授、教育信息化企业管理人士汇集一堂，上海市教委副主任李永智、教育部教师工作司司长任友群和上海市教委副主任倪闽景，分别围绕"AI赋能学校——数据驱动的大规模因材施教""AI赋能教师——智能时代的教师发展""开放远程教育的智能化元素"这3个主题，从技术研发、学校整体应用推进、学生个性化学习、教师信息化专业发展等方面进行了深入探讨和交流。参与讨论的嘉宾们皆从各自身处的教育信息化的环境出发，提出问题，分享经验，达成共识。

嘉宾观点

　　中国科学院院士、浙江大学校长吴朝晖表示，随着人工智能不断取得链式突破，智能增强时代正加速到来，这将推动教育格局、学习模式和育人需求发生深刻变革，学校将由封闭走向开放，学习将由被动走向主动，学生将由知识获取走向全面发展。在此背景下，推行新通识教育必须回应智能增强时代的知识传授、能力培育、素质提升和人格塑造4大问题。可以预见，未来的人机将共存，人类智能与机器智能协同的模式

吴朝晖

将不断向学习领域延伸，推动教育 1.0 迅速转向学习 2.0，不断产生教与学互动的新空间，包括物理世界与虚拟信息世界交互产生的新空间，教师与辅助教学智能机器交互产生的新空间，以及学生利用辅助学习智能机器交互产生的新空间。学习 2.0 将重塑教与学的关系，打造教与学从信息感知到信息反馈的信息回路，形成两者不断交互、迭代、互进的过程，使人机协作成为常态、师生交互成为必然、终身学习成为主流、泛在学习成为普遍，进而达到教与学增强的功效，掀起新一轮的学习革命。人工智能在教育的赋能应用还将带来全新的教育理念与教育方式，进一步打破教育阶段的界限，串联起小学、中学、大学和社会教育的形式，使得教育走向一贯性、联动性和终身性。

卡内基梅隆大学计算机学院院长、《机器学习》作者汤姆·米切尔认为，未来的5～10年将会是人工智能大展宏图的黄金时间。在教育领域，众所周知，有家教、有课外辅导的学生的学习效果肯定比没有个人辅导教师的学生更好，然而真人课外辅导教师价格昂贵。这里就可以看出人工智能的优越性，运用人工智能开发个性化的辅导系统，不仅可以辅导学生，而且可以在学生学习的过程中对他们进行评估、对话、互动，进而因材施教。卡内基梅隆大学目前正致力于这样的工作，即开发了Squirrel AI，现在已经有大约200万中国学生应用该系统。通过积累大规模的教学经验，有望最终实现个性化教育的普及化。

汤姆·米切尔

　　斯坦福大学教育学院院长、教授，美国国家研究委员会成员丹尼尔·刘易斯·施瓦茨表示，在将人工智能运用到教育的过程中，要尤其注意，不能为了效率和近期的效果（例如答题的正确性），让人工智能控制学生自己学习的过程或取代学生做出更多选择。教育的本质始终是教会学生如何学习，所以我们在发展人工智能时应该致力于打造创意性的应用程序，让这些程序帮助大家学习应该如何学习，学会不通过个人过往经验而是以事实、科学作为推理依据。

丹尼尔·刘易斯·施瓦茨

上海流利说信息技术有限公司创始人、董事长兼CEO王翌表示，教育有3个根本性需求：一是个性化，二是学习者对于学习效率的追求，三是整个社会对于公平性的追求。目前的教育行业跟很多年前相比，已经有了巨大的进步，但是今天学生获得高质量教育的成本相对较高，效率有待提高，教育资源分配不均的问题更无须多言。这三者背后其实只有一个共同的瓶颈，就是"优质师资供给不足"这一"供给侧问题"，而这正是人工智能可以加以改善甚至突破的环节。特别是在当前的

王翌

教育发展形势下，两个根本性模式变化值得注意：一是从模拟时代到数字时代转变，老师教学和学生学习行为的数字化成为后续人工智能发挥作用的基石。二是从以老师为中心，逐步向以学生个体为中心转变，这为人工智能的个性化应用提供了平台。

上海交通大学教授、博士生导师，伯禹教育创始人俞勇认为，人工智能对于教育的改变是相对的，虽然它可以让更多优质师资从教室走向屏幕，更多地惠及学生，但并不能保证每一位走向屏幕的老师能力和水平都优秀。光有屏幕上的老师也不能解决教学问题，线下还需要有老师起到辅助作用。另外值

俞勇

得注意的是，中国国内的信息学和人工智能教育的普及要从教材入手，好的教材是要真正用心编的，而不是将大学教材稍微简化而得。中国人工智能教育布局并不晚，但是在重点上有一定缺失。希望世界人工智能大会能够引起更多的人去关注本质的东西，去解决根本的问题。

上海电教馆馆长张治指出，5G技术、人工智能技术对教育的嵌入分为3个层次：第一个层次是作为内容在教，教什么叫5G，什么叫人工智能，怎么编程；第二个层次是和其他新技术的作用一样，作为工具加速原来的教育模式，只是其效率

张治

更高；第三个层次，人工智能会深度嵌入教育教学系统，从而改变人的思维方式。从这个角度看，不能等到大学再培养人工智能的素养，在中小学就应该积极进行人工智能的渗透，要针对不同的年龄段，用创意的方式把人工智能的思维从小种植在孩子大脑深处，所以，不管是关于人工智能的教育，还是利用人工智能开展教育，都将为教育的发展提供更多的机遇。

科大讯飞执行总裁吴晓如认为，教师角色的转变需要参考的关键因素，在于思考未来社会需要的人才到底是怎样的。

吴晓如

在未来，一些重复性或者标准化工作会被替代，所以以后学生面临的是更加多变的社会，而越是这种多变的社会，教师的不可替代性越强，教师需要更好地引导学生应对未来多元化的社会，所以老师作为学生人生导师的角色不会变。也正因如此，老师的教育方式相应地要从原来传授知识转向以学生为中心，老师要调动各种新技术、新平台，让学生在更多立体化场景里，在老师引导下进行更加高效的学习。近一段时间人工智能对教育造成的影响，可能有3个方面：第一是有些技术会使应试型学习效率提升，导致应试型竞争更为激烈；第二是可以实现对学生更加全面的评价；第三是如果评价、技术、互动形成良性、互相促进的局面的话，人工智能可以为将来更好地促进师生的全面发展奠定坚实的基础。

4. "智汇健康　预见未来"
——2019 全球人工智能健康峰会

　　作为2019世界人工智能大会的主题论坛之一，2019全球人工智能健康峰会于2019年8月30日在徐汇西岸顺利召开。峰会由世界人工智能大会组委会主办，国家卫生健康委员会医疗管理服务指导中心、中国信息通信研究院、上海市经济和信息化委员会、徐汇区人民政府和互联网医疗健康产业联盟承办，中国信息通信研究院华东分院协办。

　　2019全球人工智能健康峰会以"智汇健康　预见未来"为主题，通过构建一个多元、开放、创新的全球性共享交流平台，就人工智能健康领域发展趋势、行业监管、创新技术、实践应用及投资风向等话题进行深入探讨。

　　上海市副市长宗明、国际电信联盟秘书长赵厚麟、国际电信联盟高级顾问西蒙·费拉兹·德坎波斯·内托（Simão Ferraz De Campos Neto）、工业和信息化部科技司副司长朱秀梅、国家卫生健康委员会规划发展与信息司副司长刘文先分别为本次峰会致辞。徐汇区委书记鲍炳章、上海市经济和信息化工作党

委副书记马列坚、上海市卫生健康委员会副主任赵丹丹、中国信息通信研究院院长刘多共同出席本次峰会。

　　宗明副市长提出，上海下一步将着力健全相关的伦理规范和政策法规，加强医疗数据资源的应用服务，开展重大的高发疾病防治的技术攻关，推进AI医疗产品研发和应用落地。朱秀梅副司长呼吁产学界共同合作，一是加快智慧健康相关技术和产品的创新发展，二是健全支撑体系、营造良好的环境，三是加强智慧健康领域的开放合作，进一步突破智慧健康的发展边界。刘文先副司长对医疗卫生智能化发展提出了4点建议：一是坚持创新驱动发展，增进人类健康福祉；二是强化

基础理论研究，健全技术业务标准；三是尊重和保护个人隐私，确保数据和信息安全，坚持以人为本、安全至上；四是提升行业应用水平，打造良好的产业发展生态。

除此之外，英国 NHS、日本经济产业省医疗产业司、国家卫生健康委员会医管中心、国家药品监督管理局、中国卫生信息学会等机构代表和联影医疗、腾讯医疗、AWS 医疗、西门子医疗、罗氏诊断、IBM Watson、阿斯利康中国、兰丁高科、深睿医疗、Babylon Health APAC、强生、东软、科大讯飞医疗等一众 AI 健康头部企业高管，以及来自上海、北京等地部分三甲医院负责人出席活动，共同就 AI 医疗与国家药品监督管理局监管、AI医疗发展的国际经验、AI医学发展的技术前沿，以及"AI+医疗"的产业化发展等问题进行了深入研讨。

本次峰会还举行了国际电信联盟（ITU）健康医疗人工智能焦点组国内对口组成立仪式，并由世界卫生组织和国际电信联盟联合发布最新《医学人工智能应用白皮书》。据悉，该焦点组致力于健康医疗人工智能的标准预研究，联合中国信息通信研究院、上海申康医院发展中心、复旦大学附属中山医院等健康医疗领域及人工智能跨领域的学者专家，共同推动健康医疗人工智能创新发展。

嘉宾观点

英国皇家科学院院士、体素科技首席科学家德米特里·特佐普罗斯（Demetri Terzopoulos）表示，人工智能在医学

德米特里·特佐普罗斯

影像的应用经历了由块状分析到建模分析的发展。未来以 AI 为驱动的医疗筛选平台将会从海量数据中进行学习，包括电子病历、病理样本、血检样本以及基因测序样本等。体素科技的云端大数据系统未来将能帮助医生更快地开展临床治疗。

澳大利亚科学院院士、悉尼大学教授陶大程认为，人工智能经历了从基于规则的程序智能（programmed intelligence）到基于统计学习的感知智能（perceptual intelligence），再到目

陶大程

前基于深度学习的认知智能（cognitive intelligence）的发展，它对我们的工作和生活已经产生了很大的影响。在医疗领域，人工智能在影像采集、疾病诊断和病例录入等方面已经得到广泛的应用，但与此同时，在数据采集、数据分析等方面仍存在不少挑战。

联影医疗董事长薛敏指出，AI在医学影像中的应用最广泛，但还没有完全成熟。AI未来的发展方向主要是：一是临床诊断、治疗、随访和预后结果的判断、效率评估；二

薛敏

是赋能医疗设备，提升效率。可以预见的是，在未来，人工智能将在智能预防、智能诊断、智能诊疗、智能康复中发挥更大作用。

针对中国人工智能的政策环境，兰丁高科创始人汪键对人工智能医疗发展给出3点建议：一是各级政府应支持已经行之有效，而且安全可靠的技术；二是加快制定出台相应政策和法规，让创新技术尽快落地；三是企业要根据自身特点和实际情况来发展适应市场、容易落地的技术。

汪键

　　强生心血管和专业解决方案事业部总经理王金鹤指出，要打造一个欣欣向荣的AI生态系统需要做到3点：一是开放生态系统，促进多元化；二是推动数据向标准化和结构化发展；三是政府在AI领域有更多的关注、倾斜和支持。

王金鹤

　　数坤科技创始人毛新生指出，医疗人工智能落地有两个维度：一是探索如何将人工智能的技术和算法，与数据科学、算法科学相结合，从而解决目标客户的需求，使得价值落地而沉淀为产品；二是探索如何将产品实现商业化和产业化。通过医

毛新生

疗全过程的数据结合分析，将 AI 与医疗相结合的产品价值固定，实现产业化和商业化，我们必定能走出 AI 产业的冬天。

安德医智大中华区 CEO 李晶珏指出，医疗 AI 的初心是贴合临床应用。符合临床应用场景的医疗 AI 才能带来更多的临床价值和市场价值。BioMind 重新定义了影像 AI，可实现全身多部位、多病种的 CT/MRI 同步分析诊断，也是全球极少数能够嵌入诊疗一体化过程的医疗 AI 产品，符合真实的临床工作场景。

李晶珏

5. "寻路医疗 AI　求解落地难题"
——医疗行业论坛

　　以"寻路医疗 AI　求解落地难题"为主题的 2019 世界人工智能大会医疗行业论坛于 2019 年 8 月 30 日上午举办。论坛由世界人工智能大会组委会担任指导单位，健闻传媒主办，健康报社、健康长三角研究院、他山石智库协办，荷兰皇家飞利浦公司、依图医疗作为支持单位。

　　美国国家科学院、工程学院和医学院院长团联合主席理查德·福斯特（Richard Foster），美国工程院院士约翰·戈尔（John Gore），健康报社总编辑周冰，国家卫生健康委员会卫生发展研究中心数据中心主任游茂，广东省人民医院影像医学部主任兼放射科主任梁长虹，上海市卫生和健康发展研究中心主任金春林，同济大学附属同济医院副院长王培军，吉林大学白求恩第一医院放射线科主任张惠茅，医库云 CEO、乌镇互联网医院原院长张群华，贵州省人民医院智慧医院建设办公室主任俞思伟，飞利浦全球诊疗信息化人工智能事业部总经理迈克尔·佩尔孔（Michael Perkuhn），飞利浦大中华区副总裁兼

整体解决方案中心总经理陈胜裕，依图医疗副总裁方骢，罗氏制药中国医学部副总裁李玮等业界领袖齐聚一堂，为中国的智慧医疗解决落地难题献计献策。

　　智慧医疗是新一代信息技术、网络技术在医疗领域的深入应用和实践，是传统医疗卫生信息化的革命性升级。论坛嘉宾讨论认为，当前智慧医疗在中国的核心应用场景包含3类：覆盖医疗机构内部全流程的信息化管理体系；连接医疗机构与患者之间、医疗机构之间的远程医疗与分级诊疗体系；医疗影像AI辅助诊断、医疗机器人与AI辅助临床医疗决策体系。前两个场景是上一轮医改的主战场——在医疗信息化建设的基础上，以公立医院为主体促进医疗资源的下沉和平衡配置；第三个场景则是在人工智能、云计算、大数据等新一代信息技术的基础上，智慧医疗发展出来的新型应用。

嘉宾观点

上海市卫生和健康发展研究中心主任金春林指出，2015年以来，中央政府分别从互联网+医疗健康以及人工智能+医

金春林

疗健康两个发展方向制定了一系列纲领性文件。"互联网＋医疗健康"方面，2018年4月国务院办公厅颁发关于促进互联网＋医疗健康发展的意见后，2018年7月国家卫生与健康委员会发布了《互联网诊疗管理办法》《互联网医院管理办法》《远程医疗服务管理规范》，这3个实操性文件的下发，在政策层面为智慧治疗创造了条件。"人工智能＋医疗健康"方面，2017年《促进新一代人工智能发展三年行动计划2018—2020》提出两个子赛道发展方向：第一是建设国家级医疗数据资源服务平台、医疗AI的数据训练集以及测试集；第二是加快医疗影像辅助系统以及临床辅助应用，推动医学影像数据采集标准化。

目前智慧医疗在中国有3大应用场景：一是在便利就医、信息化管理方面，非直接医疗领域；二是在医疗机构与患者之间、医疗机构之间，远程医疗，分级诊疗体系方面；三是在医疗影像、医疗机器人与AI辅助医疗决策方面。

吉林大学白求恩第一医院放射线科主任张惠茅表示，信息化建设在整个智慧医疗和未来大数据人工智能应用方面具有重要作用。在大数据时代，AI发展，数据是核心，而信息化手段则是最重要的核心技术，这里面存在很多瓶颈。尤其是在国家政策引导下，为了保证患者的数据安全，建立数据分享以及数据使用等政策机制是非常重要的。此外，由医生牵头，整合数学家、工学团队、算法团队搭建一个沟通和交流的平台以

张惠茅

及建立相关转化机制，将是智慧医疗和大数据 AI 在医学全流程应用的保障。智慧医疗的道路或者未来大数据 AI 在健康医疗的应用前景是非常广阔的，各行各业要在国家政策引导下，携手建立一个以真实临床数据驱动的合作和交流的平台机制。

广东省人民医院影像医学部主任兼放射科主任、中华医学会放射学分会副主任委员梁长虹表示，基于深度学习的算法给医疗行业的发展带来了很多好处。例如：检测算法能解决"大海捞针"的搜索问题，比如发现乳腺钙化和肺结节；配准和分割工具能缩短测量和绘制肝转移瘤的时间进程；解剖测

梁长虹

量应用程序能绘制器官体积的正常范围；分类程序有助于解决诊断难题。因此，人工智能把放射科医生的认知提升到了一个更高的水平，让医生在以人工智能算法向患者解释图像时，发挥判断力、创造力和同理心。如今的人工智能工具已经获得了监管部门的批准，这是基于它们在少数健康领域的表现。也许这些新的人工智能方法所提供的高精度结果将减少假阳性，有利于提高医师的效率。算法或模型的通用性问题，使得放射学的多样性实践仍然是一个悬而未决的问题。当前人工智能到真正替代医生的部分工作还有很长的距离，数据的结构性、模型的可解释性等都是需要解决的大问题。

6. "凝聚共识 推动未来城市实践"
——未来城市论坛

2019年8月30日，在世界人工智能大会组委会指导下，由万科企业股份有限公司主办的未来城市论坛成功举办。随着时代的变迁与社会的发展，人们的需求也在不断变化，全球多地已开始探索未来城市发展的新路径。本次论坛旨在带领大家认知、理解、探索未来城市与未来生活。到场嘉宾包括：上海市经济和信息化委员会副主任戎之勤、万科集团董事会主席郁亮、微软全球执行副总裁沈向洋，以及来自学术界、企业界和媒体界的300多名嘉宾和专业观众。

本次论坛中，万科与微软战略合作的未来城市实验室成功挂牌。万科集团董事会主席郁亮和微软全球执行副总裁沈向洋共同担任实验室名誉主席。万科与微软双方将共同投入资源，引入行业生态伙伴，共同研发适合中国市场、与未来城市相关的行业标准，以及适用于各类空间的智慧化未来城市解决方案。实验室研究领域涉及智能家居、智能建筑、未来城市、智能物流，搭建起云计算、大数据、物联网、人工智能技术与

城乡建设与生活服务领域的桥梁，通过标准和方案的共享，推动行业内更多伙伴加入中国未来城市的建设中。

嘉宾观点

万科集团董事会主席郁亮指出，在全球科技创新空前密集活跃的今天，拥抱人工智能才能拥有未来。发展 AI 建设未来城市是一项系统工程，在各个领域将面临全面拓展和深度改

郁亮

变，首先需要凝聚共识，想明白、看清楚，共同探寻一条AI技术与应用场景相互融合的发展之路。中国的城市化进程走到今天，和发达国家站在同一起跑线，完全有机会探索并创造出中国城市自己的未来，而不再是简单的模仿。在共同思考和探索符合中国国情的未来城市的行业标准、适用于各类空间的智慧化解决方案方面，万科已经走出了坚实的一步。未来有无限可能，终需实践破题，当未来城市插上人工智能的翅膀，将拥有怎样宏大而广阔的前景，无论怎样想象和描述都不为过。万科力图在自身的各个业务领域积极尝试，同时博采众长，将AI融入服务客户场景，构建尺度适宜、高效率、强活率、富弹性、可持续的理想城市单元。从城市发展的角度上说，一方面是城市的未来，另一方面是对过去的继承。未来城市实验室将承载万科对未来城市的思考、探索与实践，成为科技手段与城市发展互相融合、人工智能与场景应用交相辉映的典范。

国际知名人工智能专家及技术创新企业家、斯坦福大学人工智能与伦理学教授杰里·卡普兰（Jerry Kaplan）博士指出，人工智能和自动化将对社会活动和未来城市生活产生重要影响。AI在未来应用的场景广泛而美好，给我们留下了无限的想象空间。AI通过海量的数据不断推进机器学习，以自动化的方式解放人类的工作。但在AI机器越来越有能力的情况下，只有获取了广泛信任的系统才能应用到日常的生活场景

杰里·卡普兰

中，以保障安全、隐私与伦理。为此我们需要建立统一的认证标准，确保它们以一种社会上能接受的方式工作，遵守法律法规、公认的社会秩序与道德。我们要通过合适的治理方式，让社会各阶层共享 AI 产生的新价值。关于 AI 在中国城市运营方面应该如何应用，他提出 3 点建议：一是建议建立海量数据的共享平台，让 AI 的机器学习能够最大化利用数据的价值；二是建议在未来的城市规划方面更多地预留增量、面向未来；三是建议将技术的进步更多地、及时地商业化、产业化。

  万科集团高级副总裁、上海区域事业集团首席执行官张海指出，当今城市遇到了规模、密度和效率的3大挑战，对城市发展的解决方案提出了越来越高的要求：如何适应人类需求的多变性和个性化，如何实现固化城市实体空间的迭代升级从而匹配信息革命的成果。基于目前的变局，万科正在探索制定未来城市的发展导则，包括坚持两个方向的变与不变："变"的因素包括动静关系、城野关系、供需关系等；"不变"的因素包括自然生态、文化传承、执手相见、健康生活等。万科长期致力于对城市和社会未来发展前沿课题的思考与探索，重视

张海

并坚守时代所赋予的责任，这已经成为万科的价值选择和企业基因，这些思考和探索充分体现在多次具有广泛影响力和里程碑意义的实践之中。万科会通过一个个未来城市理想单元的探索，尝试构建完整的未来城市理想场景，借助 AI 的力量，以基础保障设施和公共服务设施为底盘，以富有创新精神的人和机构、独特的制度和规则为核心，融入城市生活的各个场景。万科将联合全球伙伴共创共建未来城市。

中国工程院院士、同济大学副校长吴志强指出，未来城

吴志强

市有6大变革趋势：清洁能源、生命健康、人工智能、绿色交通、人口集化、教育创新。目前，AI已经在城市实践中有了广泛且有成效的应用，例如在德国起步的智能农业、在中国发展的智慧安防、在全球多地快速发展的智慧共享教育等。未来城市的建设，最终一定要落实到满足人对于自由精神的探索需求上。

7. "AI赋能　智慧建筑"行业论坛

　　未来物联网场景中，通过5G、AI等新技术推动，楼宇相关应用的关注焦点，将由楼宇本体的资产管理或物业运营，拓展至为政府端（to G）、业主端（to B），及各类终端用户（to C）提供各种服务或应用，实现节能、降本、提质、增值等主要诉求。在可预见的未来，通过AI赋能建筑将会成为一个新兴行业，必将会成为拉动智慧产业发展的重要增长极。在此背景下，2019世界人工智能大会之"AI赋能　智慧建筑"论坛于2019年8月30日下午在上海世博中心由上海东浩兰生（集团）有限公司携手腾讯云计算（北京）有限责任公司、上海高力物业顾问有限公司、上海有个机器人有限公司、深圳市鹏安视科技有限公司、福赛特机器人等企业联合举办。此次论坛旨在通过组建完整、优质的产业生态链，为建筑及楼宇管理行业提供整体的现代化智慧解决方案。

　　此次论坛探究了在未来数字化场景中，楼宇相关智能系统

　　如何在 5G 、AI 等新技术的推动之下，更加全面地得以应用；楼宇本体的资产管理、物业运营，如何更有效地拓展至为政府端（to G）、业主端（to B），及各类终端用户（to C），提供各种服务或应用，实现节能、降本、提质、增值等诉求。现场，5 家行业领军企业一起结合"AI 赋能　智慧建筑"的主题，从专业角度着手，从办公、生活、建筑等方面，剖析 AI 在智慧建筑的发展中所扮演的角色。

　　论坛上，东浩兰生集团副总裁高文伟与腾讯云副总裁万超分别代表两家机构正式签署了战略合作协议，双方将在楼宇智能化行业进一步合作，发挥各自优势，融合各自资源，共同打造标杆项目。

东浩兰生智业云首席信息官项莉女士正式发布了以"数字驱动+绿色科技"重新定义的置业新模式产品"智业云"。借助集人工智能、机器视觉、数据分析、业务逻辑、设备监测、计费支付、空间服务、三维展示等可弹性调用的技术服务，即"智业云"的智能化改造，通过平台连接社交网络上的亿级用户，将万物互联的场景打造成为让各类用户皆感受到智慧化效益的有感服务。

东浩兰生集团副总裁高文伟与YOGO ROBOT联合创始人

张阳新分别代表两家机构签署战略合作协议，双方将针对楼宇的痛点、落地真实场景，充分发掘智能移动机器人平台的服务潜力。

嘉宾观点

东浩兰生集团董事长王强指出，高楼平地起，十年改朱颜。在经济社会、科学技术高速发展的今天，运用物联网技

王强

术、人工智能技术能够为旧建筑再赋新生，令新大楼焕发青春。人工智能将会不可逆转地改变我们的生活方式，我们要利用好人工智能，为大众创造幸福生活。

腾讯云副总裁万超表示，腾讯在智慧建筑行业开展了深度思考，开发了腾讯云微瓴等智慧建筑产品。微瓴是腾讯自主研发的物联网操作系统，结合云计算、信息安全、人工智能等技术，以及腾讯强大的用户触达能力，为行业生态提供一系列符合时代发展的、实用、标准的工具。此前，微瓴已在智慧建

万超

筑、智慧园区、智慧校园、智慧商超、智慧工地、智慧社区等行业落地了医院、学校、住宅、园区、展馆等 10 余种场景，打造了一批标杆项目。

8. "AI赋能科技人居新图景"
——家电行业论坛

2019年8月29日下午，由世界人工智能大会组委会指导，中国家用电器协会、美的集团中央研究院、中国家电网联合主办的"AI赋能科技人居新图景"家电行业论坛成功召开。论坛围绕前沿AI技术、家电产业趋势和热点问题等展开交流与合作，以推动AI科技与家电产业高质量的融合发展。国际知名AI领域学术界专家、家电行业专家、合作伙伴、商界精英代表以及高校学者到场，共同定义AI科技家电全新标准，共话AI科技家电，重构未来极智生活。嘉宾包括：中国家用电器协会副理事长王雷、斯坦福大学教授杰里·卡普兰、上海交通大学创新中心主任陈江平、美的集团副总裁兼CTO胡自强、美的集团中央研究院院长徐成茂、Passiolife首席产品官大卫·韦斯滕多夫（David Westendorf）等。

在这次论坛中，为了持续推动AI智能科技在家电行业的应用，进而挖掘更多产业价值，AI科技家电高端品牌COLMO与上海交通大学达成合作意向，联合创办创新大赛，吸引更多

高校人才、技能和与时俱进的新鲜灵感投入技术的应用上。大赛主题是"以创新致未来"，一直延续到2019年12月，经历大赛招募、初赛、复赛和决赛，采用双导师制，上海交通大学各个专业的教授进入相应的项目组，进行科技层面的指导，同时美的集团结合中央研究院、COLMO平台公司及其他事业部，由相关导师在整个价值链上进行全方位创新指导。论坛最后，由上海交通大学创新中心主任陈江平、美的集团副总裁兼CTO胡自强、美的集团中央研究院院长徐成茂和美的集团中央研究院用户与创新研究所所长姚萍，共同开启创新大赛的启动仪式。

嘉宾观点

国际知名人工智能专家及技术创新企业家、斯坦福大学人工智能与伦理学教授杰里·卡普兰博士指出，有3大人工智能方式可以赋能新一代的家电产业以及消费产品：第一，人工智能能够让产品感知环境，让产品有了"眼睛"和"耳朵"。这也就意味着，产品可以更加有效地与用户进行沟通，并且满足、适应客户的个性化需求和习惯。第二，家电不再是相互之间独立的，而是互联互通的，这样可以为人们提供更方便、更

杰里·卡普兰

舒适的生活。家电能够让家庭当中的其他物品和产品更加有用、更加便捷。第三，生活最终是关乎人而不是机器的，新的科技如何使用，其实都是取决于人类自身。

　　未来AI将帮助机器、产品以更加柔性的方式去承担人类的体力工作，简化生活细节。就居家生活而言，相信AI的力量必将大幅影响智慧家居、家电产业，促使这一产业进一步发展。未来AI科技家电的前景、商业模式创新的机遇与挑战是目前行业的重要课题，一旦企业真正使AI实现了解决用户需求的方案，那么关系到人居生活的家电行业必将迎来全新的场景革命。

9. "传感驱动　智能变革" 行业论坛

　　2019年8月31日，由世界人工智能大会组委会指导，中国传感器与物联网产业联盟（SIA）主办，Wave Computing协办的2019世界人工智能大会"传感驱动　智能变革"行业论坛在上海世博中心成功举办。

　　人工智能的发展，包括产业的智能化转型，离不开传感器技术的进步。传感器是电子信息装备制造业中的基础类产品，也是重点发展的新型电子元器件中的特种元器件。想要获得智能程度高的预期AI，必须依靠各种传感器获得的海量数据作为训练集。随着AI技术不断进步，传感器将一直贯穿其中，潜力巨大。为当前和今后的传感器行业趋势分析把脉、明确观点，势在必行。

　　Wave Computing首席技术官克里斯·尼科尔（Chris Nicol）博士、mCube中国区总裁谢平、上海联影医疗科技有限公司联席主席张强、上海交通大学教授梁晓峣、Efabless Corporation的CEO迈克尔·S. 威沙特（Michael S. Wishart）、

Wave Computing中国区总经理熊大鹏、沈阳新松机器人自动化股份有限公司副总裁兼半导体BG总裁徐方、阿里云智能事业群AI架构与应用总监徐凌杰、上海齐感电子信息科技有限公司CEO盛斌、雅观科技CMO林伟等嘉宾出席了论坛。

　　本次论坛重磅发布《中国 MEMS 及先进传感器产业发展蓝皮书》，对行业现状和前景作出了清晰的评估和长远的展望。

　　中国传感器与物联网产业联盟人工智能专家委员会成立，代表着行业对当前人工智能发展趋势的深度布局进一步展开。由中国传感器与物联网产业联盟主办、产新传媒（上海）有限公司承办的智能物联产业观察媒体服务平台——智芯界（AIOTWORLD）也于本次论坛正式上线，该平台致力于通过整合智能物联产业上下游资源，打造产业发展新格局。

嘉宾观点

中国传感器与物联网产业联盟副秘书长、国家智能传感器创新中心副总裁朱家麒表示，目前的趋势是新原理及新工艺的传感器在逐渐替代传统的器件，新型传感器在器件体积、集成度及成本方面持续改善。先进传感器在中国有4个核心区域：长三角是产业最聚集的地方；珠三角的应用非常领先；渤海湾以北京为核心，研究院所和高校非常集中；中西部重工业基础雄厚，相

朱家麒

关产业发达。这些都是大市场产业汇集的地方。许多企业是从研究所、大学孵化出来的，这是中国传感器产业的一个特点。中国在整个MEMS和先进传感器领域的产业布局是比较完整的，但由于起步比较晚，基础还比较薄弱，还需要时间来加强，在基础研究、技术能力及品牌上和海外的差距还比较大。当然，由于中国巨大的市场推动，国内传感器产业将会飞速发展。

上海联影医疗科技有限公司联席主席张强表示，联影在人工智能方面进行了一些布局，希望在人类大健康的闭环上，从预防到诊断，再到治疗，直到最后的康复，一系列医疗都能

张强

广泛地使用人工智能。联影对人工智能的探索，一是赋能医学影像设备；二是赋能医生，希望人工智能成为医生的朋友，而不是简单地去替代医生；三是搭建开放共享的平台，希望医疗机构把人工智能更加广泛地应用到临床中去，一起打造创新的平台，打造协同共赢的开放生态系统。

阿里云智能事业群 AI 构架及应用总监徐凌杰指出，从 AI 的角度来看，我们可以用传感器，通过更好的数据，来做更好的优化。通过把各种不同的应用混布，由传感器实时反馈，能

徐凌杰

够做到更好的调度和优化，这是在生产力方面的提高。深度学习最适合去做数据集，所有信息在这些数据集里面，关键在于怎么去挖掘，从这一堆东西里面挖出宝藏，得到想要的结果。将从各种各样的传感器里面拿到的信息混合在一起，将使我们的城市生活变得更加便利，把这样的AI普惠能力平均地、更好地分给大众，无论是政府还是企业都能够从中受益，个人也能够享受到社会福利的提高。

上海齐感电子信息科技有限公司总经理盛斌指出，图像处

盛斌

理的发展趋势，首先是清晰度越来越高，即精度更高；第二是在尺寸上会有更高的要求，即尺寸更小。随着应用的发展，对于人脸识别、行为识别，还有很多识别的算法，云端可以做更深层次的计算。传感器后端一定也会带有一个能够进行AI，或者进行深度学习的处理器，这也是现在的一个目标市场。

10. 未来金融行业论坛

　　2019年8月31日，由世界人工智能大会组委会指导，上海合合信息科技发展有限公司主办、荃英荟承办的2019世界人工智能大会未来金融行业论坛成功举办。随着人工智能、云计算、大数据等新兴技术的发展，金融科技正在以迅猛的势头重塑金融产业的生态，金融科技渗透银行、保险、证券、信托等行业，金融行业即将步入未来金融时代，而科技也将成为真正的核心驱动力。在整体经济下行、宏观经济去杠杆以及监管肃清等多重压力的背景下，本次论坛围绕金融、科技、监管新趋势，科技驱动金融创新，人工智能对金融科技的创新和挑战，以及数字化时代金融和科技如何发展等各种热点话题展开讨论。来自金融监管机构、中外资银行、城商行、保险公司、证券公司、金融科技公司、金融科技服务机构的企业负责人、专家学者等1 500多位嘉宾出席了论坛，深入探讨业界热点，加强行业的交流与合作。

　　论坛上，上海合合信息科技发展有限公司发布了

《2019金融科技白皮书》（以下简称《白皮书》）。《白皮书》从金融科技的定义出发，梳理金融科技精彩观点，并结合行业现状，深度挖掘了金融科技赋能效应以及我国金融科技企业的分布情况，透视精彩观点中的现状，对行业未来发展做出预测。《白皮书》认为，在金融科技的最终效用是通过科技赋能金融再由金融传导至实体经济的逻辑框架下，金融科技的最终趋势将是"去中间化"，即科技与金融不再割裂，金融科技作为一种新的触角将深入生活的方方面面。

嘉宾观点

上海合合信息科技发展有限公司董事长镇立新指出，新技术的背后有两个最核心的元素服务于商业和生活：一个是数据，另一个是智能。5G是什么？是更快的数据传输；物联网是什么？是让万事万物都产生数据；云计算是什么？是数据存储、数据处理；大数据是数据挖掘、数据分析；人工智能是基于数据的智能。

镇立新

　　我们有一个非常好的企业大数据支撑平台——启信宝。启信宝是一个企业查询平台，同时也提供国际认可的信用报告，提供企业监控和信用管理。在中国，启信宝可以覆盖 1.85 亿家工商注册企业、事业单位、专业服务机构、非营利机构和组织等，对于每家企业有 27 个大类、700 多个数据维度的描述，通过启信宝对企业的了解可以做到非常深入。在全球，启信宝可以覆盖 70 个国家、2.2 亿家企业，关联关系的挖掘可以覆盖数据库里 90% 的企业和企业法人代表。

　　上海合合信息科技发展有限公司联合创始人陈晏堂表示，

陈晏堂

银行贷前、贷中、贷后，每次年中报和年报的数据上传，完全可以通过机器来完成（即数字化转型），这样可以大幅节约银行相关成本。根据对国内一家股份制银行的对公授信场景的测算，完成一个企业的对公授信，业务员需要花将近3小时的时间，也就是170多分钟，而试用人工智能解决方案，耗时只有38分钟。需要填写的栏位共有300多个，50%的栏位都可以让机器自动将数据提取并且填充。

Lady who tech 联合创始人吉尔·唐（Jill Tang）指出，金融行业即将步入未来金融时代，或者说这个时代已经到来了。

吉尔·唐

金融数字化的转型最主要是建立生态圈，生态圈里面每个企业都具有自己的特色功能。从商业模式到企业内部管理架构，到现在产品体验的升级，人工智能科技带来的变化还可以帮助打破商业运营壁垒。在商业模式优化过程当中，很多更高效的部门和新的职业类别可能就产生了。

海尔海创汇合伙人李银亮表示，从孵化企业的发展路径能够看出来，未来人才的构成会从金融1.0中以IT写代码为主，向金融2.0的走向渠道转变，人才必须掌握移动互联网、移动

李银亮

支付等新技术。到了金融3.0时代，大数据、人工智能、云计算与传统的金融或者互联网金融不断结合，人才应该能多学科、多种类地支持融合，既要有丰富的理论知识，也要有实际操作经验。

交通银行战略发展部副总经理周昆平指出，科技进步和监管不是绝对对立的，科技进步也会推动监管进步。商业银行现在的首要任务是防控风险，银行要第一时间向客户打电话确认风险。未来随着人工智能的发展，这种方式可能会改进。现

周昆平

在银行个人贷款比较标准化，又没有抵押物，因此可以建立模型测试自动运行的审批流程。未来大概还会有20%的数据需要后台人工干预。另一方面，由于银行系统对稳定性的要求很高，目前更多的第三方数据公司合作还存在边界。尽管如此，人工智能的金融应用前景仍然非常宽广。

11. "金融科技新生态：开创与变革"行业论坛

金融科技之风吹又盛，在解决了初期痛点后，金融与科技的融合正迎来一个新的阶段。2019年8月31日，由第一财经主办的2019世界人工智能大会行业论坛"金融科技新生态：开创与变革"成功举办。多位来自金融科技公司与银行业的人士就金融科技发展的现状及面临的挑战进行了讨论。

第一财经总经理陈思劼、度小满金融副总裁许冬亮、上海新颜人工智能科技有限公司CEO黄向前、通联数据股份公司创始人兼CEO王政、深圳中兴飞贷金融科技有限公司副总裁林庆治、北京眼神科技有限公司创始人兼CEO周军、同盾科技有限公司副总裁李伟东、德意志银行环球金融交易业务部中国创新及金融科技产品主管祝一、苏宁金融研究院院长助理薛洪言等嘉宾出席论坛。

嘉宾观点

第一财经总经理陈思劼表示，金融科技是不会停止的话题，在全球寻找新的增长点的过程中，它将持续散发热度。如同几次工业革命浪潮一样，金融科技也将会深刻改变整个金融业的生态。从某种意义上来说，这是一个最坏的时代，也是一个最好的时代，祝愿金融科技能够在中国落地生根，安全合规地成长，赋能科技驱动成长，希望各类金融机构企

陈思劼

业有效利用AI，让这场深刻的变革最终构建一个健康、稳定、可持续的金融新生态。

　　度小满金融副总裁许冬亮表示，金融领域本身的业务发展其实是与数据密切相关的，而在数据处理的背后就有大量的人工智能、云计算等技术支撑，所以科技的力量在这个过程中会发挥非常重要的作用。从美国金融科技发展历程来看，中国金融科技领域的投资会呈现爆发性的上升态势。在这个大机遇下，金融机构将面临一系列的机会与挑战，金融机构可以从以下4个方面着手：第一是扩大连接；第二是强化风控；第三是

许冬亮

降本提效；第四是提升服务。

通联数据股份公司创始人兼CEO王政表示，现在我们面临很多新的机遇：第一是数据的量越来越大；第二是有更多的知识积累；第三是大数据、人工智能、云计算等技术的发展，给各行各业带来革命性的变化。但是同时我们也面临一些挑战，比如如何采集海量的数据，如何用技术提取处理信息，如何对信息建立完整的分析体系。DataYes萝卜投资是通联数据的核心产品，其智能投资的核心模块基本上分3层：最底层是数据，所有的智能投资必须依赖于数据；第二层是知识，

王政

我们要用各种各样的知识、投资逻辑构建投资模型；第三层是分析研究，包括推理预测、跟踪监控、组合风险管理等。

北京眼神科技有限公司创始人兼CEO周军表示，眼神科技是基于AI驱动的多模态生物识别原创技术的创新型企业，金融行业是眼神科技最早进入、耕耘最久的行业，眼神科技一直将银行内部风控与业务发展作为长期目标。科技为金融带来的变革呈现3个特征，即"坐商"变"行商"、"人助"变"自助"、隔空获客。多模态生物识别技术，助力银行网点轻型化、智慧化转型，解决银行远程隔空获客的身份认证问题，是金融

周军

变革的重要助推器。未来，科技一定是主导力量，除金融产品本身的定义和设计外，科技重塑金融作用显著。由于银行业经营客户以信任度为基础，目前科技金融尚在发展阶段，某些金融板块的存在具有必要性和不可替代性。

同盾科技有限公司副总裁李伟东表示，银行物理网点应该不会消失，但是功能一定会发生变化。银行的发展路径，从网点到网银到手机银行，接下来还要朝着"开放银行"演变发展。开放银行本身是物理网点渠道的拓展，它回归到银行本质，升级到嵌入生活的智能银行服务。将开放银行融入各类生

李伟东

活场景当中，就能实现无处不在的金融服务。

关于数据保护，第一，加强法制是必须的，因为企业必须承载社会价值，要发挥正能量；第二，从业人员的素质提升社会价值、承载企业和社会价值的功能也不能忘记，要坚持科技向善的理念；第三，要发挥前沿科技对数据隐私保护的作用，比如同盾目前正在大力探索的联邦学习技术，既达到了数据保护的目的，又能够发挥数据融合的价值。

德意志银行环球金融交易业务部中国创新及金融科技产品主管祝一表示，德意志银行关注的主要业务是to B业务，所以

祝一

在国内不会有太多的网点，客户主要是企业。在这样的大背景下，并不是说我们没有办法、没有场景使用金融科技，反而下一个风口其实就是人工智能。我们以后重新定义业务流程的时候，首先要考虑在哪些流程可以用到人工智能技术、机器人技术，把这些内容一起放进去考虑。以后我们可以做一个新的产业，叫 AI 的背景调查，它不光是针对某个企业，更针对该企业用的产品做背景调查，这样会使整个行业变得越来越透明化。

苏宁金融研究院院长助理薛洪言表示，金融科技带来的

薛洪言

不仅仅是渠道层面，更是全方位、全流程的改变。金融科技发挥的作用可以从两个角度衡量：第一是金融科技的角色；第二是科技开始变成金融行业的独立生产要素。现在整个科技对于金融的重塑只是刚刚起步，还有很多环节、很多瓶颈需要突破。对于数据安全意识薄弱的问题，一是要用户自己、从业机构、政府监管机构加强数据保护的意识；二是进一步明确数据隐私安全保护的规则；三是寻求建立一种数据安全的救急机制。未来金融科技的风口体现在两个方面：一是在金融业内部从C端到B端的转移；二是从金融到产业的拓展。整个金融科技未来的风口是对场景的不断深化和拓展。

12. "数字化变革重塑零售增长" 行业论坛

在后互联网时代，随着人工智能和5G的快速落地和应用，数字化力量在驱动零售新发展、重塑零售新增长格局中扮演着越来越具有革命性的角色。2019年8月31日，由世界人工智能大会组委会指导，中国产融城发展联盟主办，国际数字商务研究中心支持和承办的"数字化变革重塑零售增长"行业论坛在上海世博会议中心成功举办。商务部原副部长张志刚、中国科学院褚君浩院士、商务部对外经济贸易会计学会会长王亚平、国际数字商务研究中心联席主任吴雪等出席了会议。来自中国科学院、同济大学、华为、埃森哲、苹果、红星美凯龙、地平线、36氪、拼多多等学界和企业界代表，分别围绕零售业态分化发展、零售新物种、零售技术（大数据、AI+、5G、IoT）、线上线下一体化发展等方面做了专题分享，进行了高层次对话。

在论坛上，中国产融城发展联盟成立了人工智能产城运营平台，通过创新合作推动人工智能在技术成果转化、产业落地和

城市更新运营中融合发展，探索推动 AI+未来城市技术转化和产业化应用之路，结合产城融合发展打造产业数字化转型升级服务平台。此外，在中国科学院褚君浩院士的见证下，首席科学家论坛成立，将致力于科学技术的进步和科学家精神的传承。

嘉宾观点

同济大学电子与信息工程学院院长陈启军表示，同济大学机器人和人工智能实验室在高速/低速无人驾驶、移动机器

陈启军

人视觉感知与地图构建、基于视觉的智能检测和智能抓取方面取得了不少领先成果，部分成果已得到实际工程应用。复杂场景全自主低速无人驾驶技术是解决智能物流最后一公里问题的有效途径，实验室团队在低成本感知、高精度定位、路径规划与自主导航、高速高精度控制等方面取得了系列研究成果。这些成果的推广和应用对改善物流特别是零售物流最后一公里的效率和品质具有重要的意义。

埃森哲中国数字董事兼总经理江崇龙表示，企业数字化转型，包括数字零售已经是大趋势。数字化精准分析营销和售后服务渠道、生产和供应链、业务模式、企业文化等数字化能力建设将给行业带来革命性变化。数字化转型不是一个技术，而是通过数字化的技术，带来企业的组织变革，甚至企业的文化变革。我们要从整个企业的组织角度，包括组织架构、人员能力、企业数字化文化等全方位推进企业数字化转型。

江崇龙

　　华为 5G 室内产品线副总裁徐之兵指出，今天对通信人来说，最重要的一个使命是如何让通信技术——5G——改变社会。目前 5G 技术和网络解决方案已经日趋成熟，需要众多 5G 系统集成创新合作伙伴共同努力，将其落地到千行百业。5G 创新合作伙伴需要具有 3 个方面的属性：第一，最好是有国资背景的商业组织，因为这里面涉及企业和个人数据治理和数据保护；第二，这个组织需要具备定制化软件开发能力；第三，这个组织应具有产业推广平台。针对 5G 时代在垂直行业，包括酒店、商场等大量应用带来的社会变化，以及实施应用中面

徐之兵

临的问题，需要5G系统集成伙伴深入参与，匹配行业特点对接软件开发，以及建立产业推动平台等联动发展。

　　西南交通大学人工智能研究院副院长李天瑞指出，当前，零售业与IT开始了第3次握手。AI+零售是现代零售行业正在快速发展的新方向，有4个量化目标：第一是按需服务，第二是随时随地，第三是便捷实惠，第四是绿色环保。其发展也具备4大要素：第一是物联网技术的发展；第二是海量数据；第三是计算能力；第四是学习算法。我们有一个愿景，希望通

李天瑞

过 AI+零售，达到一个利国利民、和谐共赢的模式，真正实现
国家、百姓、企业三者共赢，为造福人类做出新的贡献，这样
才能真正让百姓爱上我们的零售。

中 篇

理论技术新趋势

　　理论算法的演进是人工智能发展的核心驱动力，而算法的落地应用离不开广大开发者的技术实践。2019世界人工智能大会邀请了一大批国内外人工智能学术大咖分享前沿算法理论，也特别设置了开发者日，围绕AI底层开发框架，以及面向计算机视觉、语音、自然语言处理等技术领域的开发实践进行交流。本篇围绕"理论技术新趋势"，介绍了2019世界人工智能大会中8场论坛活动相关情况，选编了33位嘉宾的精彩观点，主题涵盖前沿算法、类脑智能、开发框架、认知智能、语音技术、自然语言处理、智能视频、AI+AR等。

1. "算法定义 AI 未来"
——国际前沿算法峰会

　　人工智能 60 多年的发展历程中，算法一直是引领学术和产业向前发展的核心力量，从大脑模拟、符号处理、统计学习到今天的深度学习。当下，人工智能已经从价值验证期走向规模化落地期，这对算法提出了新的需求。深度学习算法之后是什么？如何解决 AI 广泛落地中算法门槛高、人才不足的问题？如何打破数据孤岛与保护数据隐私？如何找到破解深度学习"黑箱"的方法？

　　以"算法定义 AI 未来"为主题的国际前沿算法峰会于 2019 年 8 月 30 日在上海世博展览馆 1 号会议室举办。本次峰会由世界人工智能大会组委会主办，上海交通大学与第四范式共同承办。聚焦 AI 最关键的算法方向，旨在寻求深度学习算法之后该做什么，探讨解决 AI 广泛落地中算法门槛高、人才不足的方法，以及如何打破数据孤岛与保护数据隐私，找到破解深度学习"黑箱"的方法等问题，探讨 AI 算法如何转变为产业变革升级的生产力，推动社会高质量发展。上海市政协副主

席李逸平，上海交通大学副校长、中国科学院院士毛军发出席峰会并致辞。国际上最顶尖的研究者，各行各业顶尖企业的管理者，汤姆·米切尔、杨强、周志华等人工智能领域世界级专家，来自多个国家的AI资深研究者及AI独角兽公司企业家参会并分享各行各业的最佳实践案例，探讨AI算法如何转变为产业升级发展的核心力量，推动社会经济高质量发展。

嘉宾观点

国际人工智能学会理事长、香港科技大学教授、香港人

杨强

工智能及机器人学会创会理事长杨强提出，面对数据孤岛、小数据、用户隐私的保护等导致数据割裂的问题，AutoML（自动机器学习）、联邦迁移学习可破解数据瓶颈。所谓联邦迁移学习，是多个数据方之间组成一个联盟，共同参与全局建模的建设，各方在保护数据隐私和模型参数的基础上，仅共享模型加密后的参数，让共享模型达到更优的效果。深度网络的知识迁移，其做法通常是通过预训练，识别出哪一层模型可以原封不动地迁移到需要的模型中，另一部分则需要通过新数据的训练让它适应新任务。这种迁移学习方法被应用在银行大额贷款等不同场景中。而在面临数据割裂的情况下，需要让几种数据建立一个共享的模型，但在建立的过程中不交换数据，只是交换加密保护的模型参数。联邦迁移学习的最终的目的是形成一个生态，将互联网的数据、场景中的数据、不同行业和不同的用户行为数据进行有机的结合。

　　南京大学计算机系主任、人工智能学院院长，欧洲科学院外籍院士周志华认为，深度神经网络的关键是逐层加工处理、内置特征变化、高度的模型复杂度。但深度神经网络并非

周志华

"万能"，从应用的角度来看，也有很多理由来研究神经网络之外的模型。现代的智能应用需要框架和特殊硬件，从另一个角度来看，打破神经网络、GPU、TensorFlow 等硬件和技术的垄断也可以降低智能化时代"缺芯少魂"的风险。

卡内基梅隆大学计算机学院院长、《机器学习》作者汤姆·米切尔提出，当前卡内基梅隆大学的研究组正在探索一个被称为 NELL（Never Ending Language Learner）的项目，旨在让计算机 24 小时不停搜集网络上的公开内容，并试图标记出重要

汤姆·米切尔

的信息，以此希望算法能够不断自我提升理解能力。事实上，计算机是可以做到无监督学习的，它们每天都在提升水平。

北京大学信息学院教授王立威提出，可以使用全新方法探索算法和模型结构。深度神经网络的训练本质上是一个非凸优化问题。一阶优化方法很容易找到局部最优点，而不是全局最优点。在数学上，通过两条假设（每一层神经元的数量足够大、随机初始化参数服从高斯分布）可以从理论上严格地证明，一阶优化有很高的概率找到全局最优点。在网络足够宽的

王立威

情况下，可以引入很多二阶优化方法来完成工作，如高斯-牛顿法。这种方法比现在的方法效率更高，准确性也更高，是未来值得探索的方向。通过数学方法，北京大学的研究者们对Transformer模型进行了简单的结构调整，并获得了非常显著的性能提升。

2. "类脑智能与群智智能" 主题论坛

2019年8月30日，2019世界人工智能大会"类脑智能与群智智能"主题论坛在上海世博中心举行。本次论坛以"类脑智能引领人工智能，群智智能推动产业创新"为主题，由世界人工智能大会组委会主办，复旦大学、中国科学院脑科学与智能技术卓越创新中心、上海脑科学与类脑研究中心、上海新氦类脑智能科技有限公司联合承办。来自全球各地的著名高校、科研院所、政府、企业等机构的300余位嘉宾和代表参加了本次论坛。上海市人大常委会副主任高小玫、上海市经济和信息化工作委员会党委书记陆晓春、复旦大学副校长金力出席，高小玫和金力在开幕式上致辞。

高小玫副主任在致辞中指出，近年来上海已在脑科学、类脑智能算法等领域取得了许多重大成果，为上海建设有全球影响力的科创中心提供了重要支撑。金力副校长表示，复旦大学将继续在智能领域发挥好基础研究优势、学科互动优势、国际合作优势，支持科学家勇闯"无人区"，力争取得变革性、颠

覆性突破，厚积薄发，久久为功。

本次论坛还举行了上海市脑与类脑智能专项首批成果发布、产学研合作协议签署等系列活动。

一是"脑与类脑智能基础转化应用研究"市级科技重大专项首批成果发布。由张江实验室和复旦大学联合承担的上海市"脑与类脑智能基础转化应用研究"市级科技重大专项在本次论坛上进行了首批成果发布。该专项于2018年7月正式启动，中国科学院、华山医院等国内外30多家高校、科研机构、企业以及医院合作参与，以精准医疗、智能机器人、智能决策三大领域应用为目标，旨在建设脑与类脑领域重大基础设施和

突破核心关键技术。专项启动一年来，发表有国际影响力的创新成果36项，申请专利15项，智能技术相关产学研应用场景覆盖医学、物流、电力、交通、机器人等各个领域，预计拉动经济效益近百亿元人民币。

二是上海复科智能机器人研究院有限公司揭牌。复旦大学资产经营有限公司副总经理唐余宽、科大智能副董事长陈键共同为上海复科智能机器人研究院有限公司揭牌。

三是"复旦大学人工智能特聘教授"捐赠协议签署。复旦大学教育发展基金会杨增国秘书长、科大智能副董事长陈键共同签署"复旦大学人工智能特聘教授"捐赠协议。

四是建立金融科技创新实验室。复旦大学大数据学院院长助理陈钊、汇付天下有限公司副总裁姜靖宇分别代表两家机构共同签署战略合作协议，共同建立基于人工智能等技术的金融科技创新实验室。

在主题演讲环节，来自美国索尔克生物研究所、中国科学院神经科学研究所、复旦大学类脑智能科学与技术研究院、新加坡南洋理工大学、爱丁堡机器人中心、悉尼大学人工智能中心等全球一流高校和科研机构的专家学者，分享了类脑智能发展的最新前沿。

嘉宾观点

中国科学院院士、中国科学院神经科学研究所所长蒲慕明认为，可塑性是大脑认知功能的基础，脑可塑是指大脑可以被环境和经验所修饰，其结构和功能能够在外界环境和经验的作用下发生改变。大脑是不断在变的，每一个活动都会引起其功能和结构的变化。可塑性的现象最早由中国科学家冯德培发现。加拿大神经心理学家唐纳德·赫布（Donald Hebb）认为：同步的电活动可造成突触加强或稳固。如果两个神经元同时放电，它们之间的突触连接就会加强；如果不同步，那么突触前后的连接就会削弱。但是，20 年前出现了新的转折——

蒲慕明

科学家发现强化或者弱化不只是同步，而且具有时序性。如果突触前放电先于突触后放电，则突触强化，反过来的话就弱化，这种有时序信息的现象我们称为时序信息依赖的可塑性（STDP）。现在已经有人在人工网络上运用STDP。

历史上人工智能出现了3次浪潮，每次都是从神经科学里得到启发。例如，沃伦·麦卡洛克（Warren McCulloch）和沃尔特·皮茨（Walter Pitts）在1943年提出的M-P神经元模型，就是按照生物神经元的结构和工作原理构造的一个抽象和简化的模型。此外，还有20世纪80年代的约翰·霍普菲尔德

（John Hopfield）神经网络模型和学习双方、反向传播（BP）算法。

在霍普菲尔德人工神经网络中，每一个突触点被赋予某一权重，单元将所有输入加合，各突触的权重可以用赫布学习规则（一种无监督学习规则）调节。给定一组突触权重，网络很快达到平衡。这说明记忆储存在许多突触中，同时网络可以存储许多记忆。

脑科学与类脑人工智能的协同发展是未来的方向，两者要相互支撑、相互促进、共同发展。人工智能领域反向传播算法的出现，给了我们灵感去追寻反向传播在自然网络中的可能性，这种追寻的结果还没反馈到人工网络中，但我相信人工网络将会由此受益。这就是脑科学与人工智能结合的一个最好的例子。

3. "拥抱技术　开放未来"
——WAIC 开发者日主单元

2019 年 8 月 31 日下午，WAIC 开发者日主单元——"拥抱技术　开放未来"在上海世博中心大会堂（红厅）举行。这是一场面向开发者的技术与产业盛会，作为大会期间面向 AI 开发者的技术大会，开发者日主单元邀请了不断探索 AI 理论、技术与应用创新的研究者、推动者和学术先锋发表演讲，与全球开发者分享 AI 领域璀璨的学术、技术和产品成果。活动由世界人工智能大会组委会主办，机器之心（上海）科技有限公司、上海行书信息科技有限公司承办。

上海市经济和信息化委员会主任吴金城出席活动并致辞。阿里技术副总裁贾扬清、亚马逊机器学习副总裁亚历克斯·斯莫拉（Alex Smola）、百度 AI 技术平台体系执行总监吴甜、Julia 创始人维拉尔·沙阿（Viral B. Shah）、Skymind 联合创始人亚当·吉布森（Adam Gibson）、香港中文大学信息工程系教授兼商汤科技联合创始人林达华、百度深度学习技术平台部总监马艳军、开源软件库 Auto-Keras 作者金海峰、小米深度学习框架负责人何亮亮、华为云 EI 生态发展部部长陈亮等嘉宾出席了论坛。

在主单元上，WAIC 开发者日的亮点活动——黑客马拉松进行了颁奖。WAIC 黑客马拉松由机器之心策划与承办、张江集团协办，与世界人工智能大会开幕式同时启动。比赛聚焦 AI 技术与应用热点问题，由微众银行、软银机器人、第四范式、微软人工智能和物联网实验室分别设立 4 道赛题：智能垃圾分类、Pepper 人形机器人应用、AutoNLP 和智能车间。比赛吸引了超过 100 支团队报名参赛，通过层层选拔，近 50 支战队来到现场，经过 48 小时的鏖战，最终决出了 4 大赛题的获胜团队，并在开发者日主单元上进行颁奖。

嘉宾观点

百度AI技术平台体系执行总监吴甜指出，百度语言与知识技术在布局中基于大规模知识图谱基础，建设多层次丰富的语言理解和语言生成能力，支撑智能搜索、深度问答、对话系统、智能创作和机器翻译等应用系统，在百度产品中得到广泛应用，提升用户体验。百度语言与知识技术在飞桨深度学习平

吴甜

台上搭建完善的基础技术、平台和应用系统，从而构建强大的
AI 基础设施。

　　Julia 语言创始人之一、Julia Computing 联合创始人兼首席
执行官维拉尔·沙阿指出，Julia 语言适合做机器学习开发，能
在科学计算与机器学习上进行可微分编程探索。这种机制内嵌
于 Julia 语言，且因为没有中间语言的转换，深度学习、做反
向传播的速度还要快于 DL 框架。机器学习和其他广大领域的
科学计算有很多相似性，比如依赖线性代数，它们都需要利用

维拉尔·沙阿

这种可微分编程的优势。

香港中文大学信息工程系教授、商汤科技联合创始人、商汤研究院副院长、香港中文大学–商汤科技联合实验室主任林达华认为，人工智能技术的发展，是不断演进的深度学习算法、GPU 所提供的高性能算力，以及大数据这 3 个重要因素历史性汇聚的结果。在过去短短的五六年时间里，算力需求增长超过 30 万倍。人工智能的爆发在一定程度上就是算力连接到有价值的产业应用上，而深度学习框架就是这种连接最核心的

林达华

诉求。当前越来越多的自动化方法应运而生，多元的价值追求给深度学习框架的发展提供了一个广阔的空间。未来的产业落地对深度学习提出了3点要求，即工业级的应用、多元场景模型的极致优化，以及提升研究员的生产效率。

一流科技创始人，清华大学计算机系博士、博士后袁进辉指出，深度学习框架处在整个产业非常核心的地位，它和算法、应用关系非常密切，需要搭建框架才能使用底层的各种硬件；同样对于底层硬件来说，框架是它的流量入口。从技术

袁进辉

上，框架最硬核的问题首先是宏观层次的网络墙问题，其次是微观层面的内存墙问题。第一个问题也就是横向扩展问题，是深度学习框架领域核心问题之一；第二个问题是自动代码生成问题，初级用户只要用简单的数学表达，就能完成硬件芯片上的最高速的实现。

4. "理解语言 拥抱智能" 行业论坛

　　比尔·盖茨曾说:"语言理解是人工智能皇冠上的明珠。自然语言处理(Natural Language Processing, NLP)的进步将会推动人工智能整体进展。"2019年8月30日,由世界人工智能大会组委会指导,达观数据和乐言科技联合主办的"理解语言 拥抱智能"行业论坛成功举办。长宁区委常委、副区长、区政府党组副书记钟晓敏,浦东新区副区长管小军,哈尔滨工业大学原党委书记、中国中文信息学会名誉理事长、ACL终身成就奖得主李生教授出席本次活动,论坛同时还邀请到美国伊利诺伊大学香槟分校教授季姮,苏州大学特聘教授、国家杰出青年科学基金获得者张民,复旦大学教授、中国中文信息学会常务理事黄萱菁,中国人工智能学会常务理事、北京邮电大学教授王小捷,达观数据CEO陈运文和乐言科技CEO沈李斌等多位AI行业领袖,与现场来宾分享人工智能发展的独到观点,从自然语言处理出发,围绕语言智能的学术与应用展开了最前沿和务实的讨论。

嘉宾观点

ACL终身成就奖得主、中国中文信息学会名誉理事长李生指出，人工智能三起两落，新一轮高潮的到来主要得益于深度学习算法。深度学习使得感知智能取得重大突破，达到甚至超过了人类的水平，在人脸识别、语音、自然语言处理等领域成绩斐然。人工智能在未来应该逐渐逼近人类智能，但与人类智能相比，当前人工智能还存在没有意识、不能思维、不能推理等一些根本性的差异。

李生

近期，清华大学提出了天机芯片架构，它采用多核、可重构构件及流线型数据的混合编码方案，同时支持人工神经网络的深度学习和生物神经网络的类脑计算的模型和算法。这些研究成果会加快人工智能由感知走向认知的进程，让机器理解、掌握、运用好人类知识，实现推理机制，让机器真正理解人类的意图，进一步做好人机融合，让人类未来更加健康、更加幸福、更加便捷、更有道德、更有智慧。

伊利诺伊大学香槟分校教授季姮表示，相比之前仅限于序列层面的跨语言迁移研究，我们观察到，关系事实通常由跨

季姮

多种语言和数据模态的可识别结构化图模式来表示。它通过利用符号信息（包括词性和依赖路径）和分布信息（包括类型表示和上下文表示），形成了关系相关、事件相关的语言通用和模态通用的特征。

在语义学里，大家比较关注词层面，而这离信息抽取有较大差距。对人和很多实体来讲，表示并不是将每个词加起来，而是需要将其视为独一无二、不可组合的，且必须在语义空间里有自己独享的节点。

基于这个观察，我们可以使用图卷积网络将所有实体引用、事件触发词和上下文表示到这个复杂且结构化的多语言统一空间中。以这种方式，将来自多种语言的所有句子和来自图像中的可视对象都可用一个共享的统一图表示。然后，从标注好的源语言中训练一个关系或事件抽取器，并将其应用于目标语言和图像。

在跨语言和跨媒体关系和事件迁移方面的大量实验表明，这个方法在最多3 000个训练样本上实现了与现有的SOTA监督模型相当的性能，并且显著优于从单一表示中学习的方法。

苏州大学特聘教授、人工智能研究院副院长，国家杰出

张民

青年科学基金获得者张民表示，目前的自然语言处理发展处于历史上最好的时期。早在20世纪90年代，其团队就尝试做过自然语言处理的商业化应用，但因为技术的局限性，最终并没能将商业模型成功落地。而如今技术的进步，加上产业的强劲需求和落地，让自然语言处理迎来了新的春天。

从AI角度看，自然语言处理于AI时代面临3个基本问题：一个是表示，一个是搜索、推理，还有一个是学习。这也是AI的3个核心科学问题。从自然语言处理本身看，其学科内涵包括NLP词法、句法、语义到篇章的NLP基础研究和核心技术；从中间应用研究来看，包括情感分析、信息抽取、对话系统、阅读理解、信息检索、问答系统、知识图谱、机器翻译等；从上层应用来看，则是相应的平台、系统和在各行各业的应用。

从数据、信息到知识和智能，未来的学科边界与知识智能会进一步融合，并在可解释性、小数据、知识赋能等亟待解决和探讨的问题上进一步延伸；与此同时，应注重科学问题的凝练，定义学科研究规范和研究框架，重视"政产学研用"的结合与交融。

达观数据CEO、国家"万人计划"入选专家陈运文指出，文字的自动化处理面临一个非常好的机遇。深度神经网络的技术从2006年由欣顿（Hinton）教授提出来以后，经过十多年

陈运文

的发展越来越成熟，尤其是在文本智能处理领域。NLP技术与机器人流程自动化（RPA）结合，可以赋予机器人阅读思考的能力，在现有各类工作系统中协助完成阅读撰写等流程性的重复工作。目前达观数据在商业案例报告生成、智慧政务行政审批、金融文档验查和填写等场景中推出的机器人员工已逐步开展各项工作。达观数据与世界人工智能大会联合推出了AI新闻助手，该助手集成NLP与光学字符识别（OCR）技术，让文字工作者们在文章素材采集转写、自动摘要撰写、内容分类等方面体验人工智能的便捷。

　　中国中文信息学会常务理事、复旦大学教授黄萱菁表示，社会媒体研究具有很大的商业价值和社会价值。

　　人工智能方法可应用于社会化推荐领域的研究，包括用户行为建模和预测，如微博标签推荐、艾特用户推荐、转发行为预测、用户话题参与预测，以及在社会媒体挖掘中融入多模态信息等。研究方法主要基于话题翻译模型、层次狄利克雷过程和深度学习等，从早期的主题模型和机器学习方法转变为近期深度学习方法，已取得一定进展。我们在微博和Twitter等社交媒体上进行的多项实验，验证了所提出方法的有效性。

黄萱菁

对于社交网络挖掘，不仅要利用内容信息，特别是语言文字的内容，还要关注用户之间的结构。对用户和问题进行细致分析，才有可能提出更好的方法。

中国人工智能学会常务理事、北京邮电大学教授王小捷指出，语言符号的接地问题是语言符号语义的来源问题，视觉接地的自然语言处理（Visually Grounded Natural Language Processing, VGNLP）试图研究基于视觉感知通道的语义来源以支撑更全面的NLP研究和应用可能性。VGNLP研究的核心

王小捷

在于构建连续视觉信息与离散语言符号之间的关联和转换，包括在视觉和语言的不同层面、不同大小的单元之间的关联和转换。VGNLP研究有丰富的应用场景，例如图文跨模态检索、视觉场景的自动描述、视觉问题回答等。

5. "认知智能 改变世界" 行业论坛

　　从计算智能、感知智能到认知智能，人工智能迈入了新阶段。当前的人工智能受益于计算科学、认知科学的进展，在后深度学习时代，认知智能成为新焦点。近年来，华院数据持续聚焦认知智能的创新研究、风控和营销等核心能力，为政府、金融、零售等领域的客户提供整体智能解决方案。2019 年 8 月 31 日上午，由世界人工智能大会组委会指导，华院数据主办的 2019 世界人工智能大会"认知智能 改变世界"行业论坛成功举办，探索认知智能的下一个可能。

　　瑞士人工智能实验室 IDSIA 科研科主任于尔根·施米德胡贝（Jürgen Schmidhuber），上海大数据联盟秘书长、上海超级计算中心主任周曦民，上海市经济和信息化委员会信息化推进处处长裘薇、副处长崔艳春，上海市静安区科学技术委员会副主任吴启南，华院数据创始人兼 CEO 宣晓华，浙江大学上海校友会企业家联谊会会长、遂真投资董事长洪

钢，复旦大学计算机科学技术学院副院长薛向阳，哈尔滨工业大学人工智能研究院副院长刘挺，北京大学金融数学系主任吴岚，南通市经济技术开发区党工委委员徐明，杭州市下城区数字经济园区管理委员会副主任赵向阳，太平金科总经理杨新民，太库（Techcode）科技全球CEO唐亮，北京一览群智CEO胡健，上海吉祥航空副总裁夏海兵，浙江我武生物董事长胡赓熙，安硕信息高级副总裁张怀等嘉宾出席了论坛。

嘉宾观点

华院数据创始人兼CEO宣晓华指出，认知智能是认知科学和人工智能的结合，狭义理解就是在机器上实现认知功能，具体来说，记忆、推理、决策、学习都是重要的认知能力，我们希望在计算机上很好地实现这些功能。认知智能领域的探索有以下重点和需要：一是关于计算机对知识推理和决策的认知功能；二是计算机基于小数据的学习推断问题；

宣晓华

三是认知智能需要多学科的融合。近年来，华院持续关注认知智能的研究和技术实现，并开发了围绕认知智能的分维认知引擎。在智能画像和推荐方面，分维认知引擎可以在没有隐私问题的基础上，通过非常小的数据输出相关的特征和标签，应用在营销、风控、医疗等领域，能帮助企业更好地为客户服务。华院还成立了斯梅尔数学和计算研究院，将不断创造更多的算法和认知智能。

NNAISENSE公司联合创始人兼首席科学家、瑞士人工智能实验室IDSIA科研主任于尔根·施米德胡贝表示，目前被各

于尔根·施米德胡贝

大科技巨头采用的 LSTM（长短期记忆网络）只是通用人工智能的前序工作，具备自我学习能力的通用人工智能可能比人类更聪明，也具备改变一切的能力，每一个事物都将随之发生变化。人工好奇心（artificial curiosity）将成为下一轮人工智能的核心。我们正在构建一个人工智能，使其具有好奇心和创造性，并持续学习如何计划和推理。

太库科技全球 CEO 唐亮表示，认知智能的突破会催生一系列新的产业巨头。目前，人工智能领域独角兽企业层出不穷，但大多涉及计算智能和感知智能，期待认知智能的独角兽

唐亮

早日出现。我们需要把机器学习用于两种不同的系统：一种是基于行为的系统；另一种是基于知识的系统，知识能够把机器学习进一步增强，降低样本的大小，提升学习的经济性。

复旦大学计算机科学技术学院副院长薛向阳指出，认知智能在智慧医疗和在线教育等行业应用是非常有意义的。当前认知智能研究者的主要任务是要将领域知识和算法模型的结合研究做好，让机器具备一定水平的认知智能。关于认知智能在教育领域的应用，我们要考虑的不仅仅是让孩子们能更好更快地学懂知识，还要培养孩子的创造性和好奇心。任何技术都应

薛向阳

该以造福人类为目标，这是大前提，人的智能和机器的智能是可以和谐统一的，未来我们将进入人机融合的新时代。

北京一览群智 CEO 胡健指出，金融行业存在两大问题：一是整个信息化、数据化的过程问题；二是体制问题。现阶段金融行业要走向智能化，很重要的问题是要从意识上变化、体制上变化、系统结构上变化。现阶段人工智能不是取代人，而是增强智能，认知智能正处于行业应用的创新期。人工智能让机器增强人的能力，让人成为"超人"，让人们从重复式劳

胡健

动中解放出来，聚焦更多创新和创造性工作，享受美好生活。

浙江我武生物董事长胡赓熙表示，在医学领域里，人工智能的应用不仅是被期待的，而且是必然趋势。如果哪一天人工智能医生能够拥有一个普通医生十分之一的能力，由于这种能力可能在更加广泛的领域发挥作用，并且可以被机器巨大的算力和储存能力所加持，因此它足以颠覆人类的学习和决策模式。结合生物的信息反馈方式及其进化模式，也许我们能够从另外一个角度来理解人工智能，从而赋予人工智能一种新的推

胡赓熙

动力，也使得我们可能有更好的未来。

安硕信息高级副总裁张怀认为，金融是容易产生泡沫的行业，希望人工智能在金融上不要产生太大的泡沫，健康发展。现在各种智能技术，从计算到感知到认知，处于不太平衡的状态，表现为业务细分领域中的应用不平衡、智能化渗透处于点状阶段、非零售处于有待成熟的阶段。因此，运用技术有效地推动风控在能力和效率各维度的提升是非常核心的问题。期待认知智能在企业、金融等越来越多细分领域中的广泛应用。

张怀

6. "自然语言处理"
——WAIC 开发者日子单元

2019年8月31日上午，WAIC开发者日子单元——"自然语言处理"在上海世博中心举行。活动由世界人工智能大会组委会主办，上海智臻智能网络科技股份有限公司（小i机器人）和人工智能产业创新联盟承办。认知智能是人工智能领域关注度和讨论度最高的热门话题之一，此次论坛通过产品展示、技术分享，以及嘉宾演讲和主题讨论，对认知智能的话题作了多维度阐释。

论坛邀请了复旦大学计算机科学技术学院副教授邱锡鹏、香港科技大学教授张连文、阿里巴巴资深专家孙健、Invoked Apps创始人尼克·施瓦布（Nick Schwab）及小i机器人创始人、董事长兼CEO袁辉，小i机器人副总裁兼研究院院长陈成才等多位来自NLP领域的顶尖学者和资深专家，就表示学习进展、聚类分析、人机对话交互、语音应用程序的现状等NLP的前沿方向分享了业内最新观点。

认知智能商业应用领军企业小i机器人，通过"智能+"

客服、"智能+"城市、"智能+"硬件等多项创新成果立体展示了认知智能在产业应用中的商业价值与潜力。在展会现场，人们通过不同场景下的真实应用，亲身感受到认知智能如何在给机器带来"思考"能力的同时，改变人们的日常生活。论坛上，小i机器人创始人、董事长兼CEO袁辉表示：小i机器人将会继续坚定不移地聚焦在以思考为核心的认知智能领域，在坚持技术自主研发的同时，更多以客户为中心，将最新的人工智能技术赋能给行业企业，让人工智能产生真正的商业价值，实现商业落地；小i机器人也将会凭借自身在认知智能领域的积累与实践，通过小i智慧学堂等一系列方式，培养人工智能人才，赋能企业AI转型，推动产业可持续发展。

嘉宾观点

复旦大学计算机科学技术学院副教授邱锡鹏指出，在自然语言处理（NLP）领域，BERT模型的出现让很多NLP任务都能有非常好的结果，并在很多任务场景（比如问题回答、阅读理解）中基本能达到或超越人类平均水平。从以Transformer为代表的模型创新到以BERT为代表的预训练方

邱锡鹏

法，是这两年NLP飞速发展的主要动力。其团队开发的开源框架FastNLP为NLP提供了一个很容易上手的工具，能够实现很多主要模型。

香港科技大学教授张连文认为，多维度聚类在文本、图像、推荐、问答等系统中可以有多种生动的应用，相关的应用成果——AIPano是一个对AI领域科研学术人员进行科学研究和论文写作非常有帮助的论文聚类和分析展现系统。

张连文

尼克·施瓦布

　　Invoked Apps创始人尼克·施瓦布指出，纽约的一项调查显示，只有不到5%的人愿意和机器人聊天达到20分钟。大家对语音App的要求是更少的对话，更多的行动，帮助解决问题，快速提高内容质量。NLP学习路线还处于早期的科研阶段。

7. "智能视频"
——WAIC 开发者日子单元

2019年8月31日上午，由世界人工智能大会组委会主办、上海极链网络科技有限公司承办的 WAIC 开发者日子单元——"智能视频"论坛在上海世博中心举办。此次活动主题是"重构视界·见未来"。

极链科技董事长兼CEO金明，极链科技首席科学家姜育刚，香港城市大学教授、ACM杰出科学家 Chong-Wah Ngo，日本国立情报学研究所教授佐藤新一（Shin'ichi Satoh），北京大学博雅特聘教授、国家杰出青年基金获得者田永鸿等嘉宾一同出席本次活动。现场汇聚了300多位行业人士，其中包括全球顶尖AI专家、技术大牛、知名企业代表以及开发者，他们围绕计算机视觉技术和"AI+视频"的开发实践进行分享和解读。

活动现场，视联网评委会主席董慧智公布了视联网小程序开发者大赛·2019夏季赛获奖名单，并发布了极链视联网产业加速器计划。该计划旨在面向5G时代视联网产业内顶尖、

专业的开发团队，开放人工智能及视频技术支持、行业专业导师团、产业资源以及战略投资，助力优秀创业者加速项目冷启动及商业化进程。

嘉宾观点

极链科技董事长兼CEO金明认为，在视频识别技术、视频互动技术和视频传输技术高速成熟的背景下，以视频作为信

金明

息和功能核心载体的新互联网形态——视联网诞生了。从观看模式，到信息模式，通过 AI 打破视频信息次元壁，最后达到视联网模式。极链科技的 VideoAI 是视联网整个生态的底层引擎，支撑视联网多维度发展；VideoOS 作为视联网的操作系统，是继 PC 时代 Linux 系统和移动互联网时代安卓系统之后的第三大操作系统，可以直接触达并连接开发者生态、营销生态和信用数据结算生态。

极链科技联合创始人兼总裁董慧智提出，视联网产业加

董慧智

速器计划，旨在帮助视联网产业内优秀、专业的开发者团队，开放人工智能及视频技术支持、行业专业导师团、产业资源以及战略投资，助力优秀创业者加速项目冷启动及商业化进程。视联网与其他自由创业不同，需要在 VideoOS、VideoAI，以及视联网大平台上进行创业，因此会把人工智能技术通过开源方式免费提供给有需要的创业者。

8. "EasyAR 增强现实"
——WAIC 开发者日子单元

2019年8月31日上午，WAIC开发者日子单元——"EasyAR增强现实"技术论坛在上海世博中心618会议室举行。论坛由世界人工智能大会组委会主办，视辰信息科技（上海）有限公司承办，以"AR让生活更美好"为主题，旨在为开发者提供一个分享、学习和交流AR的平台。上海市浦东新区副区长管小军，视+AR创始人兼CEO张小军，中国科学院自动化研究所研究员吴毅红，百度（上海）创新中心联席总裁蔡炯，张江集团副总经理鲍纯谦，中国联通5G创新中心主任冯毅，CGTN新媒体执行主任张施磊，景域驴妈妈集团副总裁兼CTO刘才，一度天使创始人曹清，中国联通5G创新中心战略合作中心总监韦广林，Google中国AR/VR负责人熊子清等产学研界代表出席论坛。

此次活动主要的成果有4项：一是视+AR与中国联通5G创新中心达成战略合作；二是视+AR与景域驴妈妈集团达成战略合作；三是长三角AI+产业加速计划发布；四是张江集团与视+AR签署战略合作协议。

嘉宾观点

　　视+AR创始人兼CEO张小军认为，AR云重新定义了物理空间的价值。在5G与人工智能发展浪潮下，AR云可以真正链接一切，实现万物互联，让空间产生价值。5G技术的应用将促进AR云的基础设施建设，视+AR将开放AR云能力，与AR产业链上下游、合作伙伴、客户、开发者共同

张小军

开启AR云空间计算时代，共建一个真正虚实融合的"魔法世界"。

　　视+AR联合创始人兼CPO王伟楠认为，EasyAR提供的AR云构建工具，是一个构建小型、超大型的空间地图的工具，有助于整个AR云的使用。今后用户只需要拿着手机，就可以在现实环境里进行扫描。通过本地的基础处理，数据会上传到云端进行深入算法处理，然后生成整个空间的地图，后续就可以通过浏览端去识别和定位用户所在的位置。

王伟楠

　　中国科学院自动化研究所、模式识别国家重点实验室研究员吴毅红认为，几何与深度学习融合的SLAM包括几何SLAM与深度学习SLAM融合的技术路线、马尔视觉理论下多视几何与直接法融合的速度与精度兼顾的SLAM新框架、嵌入传统几何SLAM的深度哈希学习相似分层的鲁棒实时闭环检测、动态目标SLAM中的深度学习分割与运动模糊的抠图工作、大场景中深度哈希学习描述子与随机森林结合的SLAM重定位或视觉定位。几何SLAM与深度学习SLAM既有各自的优势，又有各自的不足，将它们进行深度融合，优

吴毅红

势互补，扬长避短，才能够获得应用更加广泛、性能更加鲁棒的SLAM系统。它们进一步结合多传感器，才能走向更多的场景。

　　Arm China高级市场发展经理商德明提出，10年以后，VR设备的市场渗透率将相当于现在平板电脑的渗透率。AR作为一个非常广泛的形态，能够把现实和我们需要呈现的信息进行结合，其使用率和渗透率将与智能手机相类似。Arm将从CPU、GPU、NPU等层面进一步支持AR的发展。

商德明

中国联通5G创新中心战略合作中心总监韦广林指出，5G将带来3个方面的变化：第一是5G的终端不仅仅是把它的模块从WIFI换成5G；第二是5G平台将给联通所有企业客户提供上云、上网、上光纤服务；第三是5G更多地提供一个能力框架，这就产生了如何把现场的用户视频直接填充到框架里的问题。

韦广林

　　视+AR联合创始人兼COO涂意认为，从应用场景上看，5G可以有效解决AR内容大小限制的问题，促进内容的发展。每一个开发者只要有手机，就可以创建自己的AR云，可以创建它的应用，这得益于包括软件、硬件在内的整个生态的发展。5G刚好可以支持云端服务图的内容下发，这已经可以形成非常好的方案。

涂意

下 篇

行业生态新理念

　　为彰显2019世界人工智能大会创新成果，汇聚多元主体共同打造人工智能生态，大会组委会推出了一系列活动，汇集国内外顶尖学者专家、国际城市代表、企业界代表，推动国际科创企业与高校院所合作，打造前沿技术实践舞台，关注社会发展热点命题，探索人工智能负责任发展的新理念，联结改变未来生活的人工智能。本篇介绍了8场论坛活动情况，编选了29位嘉宾的精彩观点，主题涵盖人工智能投融资、人才培养、高校合作、国际交流、法治安全、艺术体验等。

1. "智慧新经济　科创新时代"
——投融资主题论坛

2019年8月30日，2019世界人工智能大会"智慧新经济　科创新时代"——投融资主题论坛在上海举行，此次论坛由世界人工智能大会组委会主办，中国国际金融股份有限公司承办。上海市副市长吴清、上海证券交易所总经理蒋锋、中国国际金融股份有限公司首席执行官毕明建出席论坛并致辞。

在论坛上，中国国际金融股份有限公司高管发布了《新兴产业研究汇编报告》《AI+5G推动社会变革》等行业报告。一批国内外顶尖学者、顶级投资人、人工智能龙头企业家等进行了主题报告，并围绕"金融资本为AI发展服务、AI将会颠覆哪些行业、垂直领域AI投资机会"进行圆桌讨论。本次论坛还举行了两个平行分论坛，主题分别是"AI创投企业路演"和"聚焦科创板"。社会各界逾千名嘉宾出席了论坛，深入探讨了人工智能领域科技发展前沿和金融资本如何助力人工智能发展，通过多维度、深层次的对话，汇集了大量前沿观点。

此外，作为2019世界人工智能大会的亮点，投融资主题

论坛特别推出"基金超市"展示交流平台。"基金超市"邀请了国内外投资机构现场设置展台进行展示，并且邀请各机构明星投资人和参会嘉宾充分交流。在"基金超市"公共路演区，人工智能领域创投企业与嘉宾进行了深度交流，共绘人工智能发展蓝图。"基金超市"构建了产融结合的高效信息互通平台。

全国人工智能创业投资服务联盟代表介绍了《中国人工智能投资分析报告》。根据相关数据可以发现，我国人工智能投资具有3个特点：第一，人工智能领域并购事件数逐年上升，并购或将成为机构的主要退出方式；第二，BAT等互联网巨头以资本方式全阶段、大范围入局人工智能领域，未来

CVC 将成为行业重要玩家；第三，独角兽企业已建立较深的"护城河"，未来行业的头部效应将会逐步扩大。

参与"基金超市"活动的投资人和创投企业代表

姓　名	所在企业及职务
单俊葆	中金资本运营有限公司联席总裁，中金智德股权投资管理有限公司总经理
钱学锋	汉理资本创始合伙人
李　竹	英诺天使基金创始合伙人

（续表）

姓　名	所在企业及职务
董叶顺	火山石资本管理合伙人
孙　琦	道彤资本创始管理合伙人
朱艺恺	云锋基金董事总经理
章高男	华映资本合伙人
杨永成	峰瑞资本合伙人
张　清	中金资本运营有限公司董事、总经理
姬晓晨	影谱科技董事长
沈　斌	舒辅智慧医疗创始人
雷　涛	天云大数据CEO
刘　栋	奥朋医疗CTO
金　鑫	犀语科技董事长
肖东晋	Alva Systems创始人
缪　苗	北京大数医达科技有限公司首席运营官
王海滨	星逻智能CEO
叶剑红	全国人工智能创业投资服务联盟代表

嘉宾观点

伦敦大学学院人工智能中心主任大卫·拉伯（David Rarber）认为，AI 未来会在很多领域有大的技术突破，以及更长远的发展，包括人类的语言识别、自然语言处理、图像识别等。但是对于人类语言中的一些象征性的话语、词汇，机器比较难以理解；而且人类的语境比较复杂，包括人类的文化、科学、

大卫·拉伯

历史综合起来，会有很多隐含的信息，我们可称之为符号性文字或者符号性语义片段，在这种情况下机器的理解能力就存在不足，因为机器没有人类的情感、历史、文化的积累。所以未来可能需要在这方面做更多的努力，才能使机器对于符号性内容的处理得到优化。

　　重阳投资总裁王庆表示，资本市场的健康发展，一定要注重平衡性，即既要照顾到融资企业的利益，也要照顾到投资人的利益，最终形成一个多赢的局面。就目前科创板投资者参

王庆

与构成来看，近九成是个人投资者，其余是机构投资者，这个
比例对于发展二级市场和资本市场是不够理想的。资本市场的
未来发展方向在于壮大机构投资者，因此从这个意义上来讲，
如何优化科创板投资者中个人投资者和机构投资者的结构是比
较重要的，特别是在市场投资者准入资质方面，可能存在需要
完善的地方。

中金公司董事、总经理、资本市场部负责人丛晖表示，科
创板是中国资本市场改革以来，所花时间最短、效率最高的板

丛晖

块。从首批企业上市情况来看，可以看到几个特点：一是科创板企业在IPO、总市值上表现远超当年创业板上市企业；二是科创板最大的特色，在于其在发行制度领域的市场化变革，而正是这一点促进了市场形成更好的生态；三是发行人和保荐机构定价比较审慎，给投资者留下了更多的空间。

美国达维律师事务所合伙人何鲤指出，相较于核准制，本次科创板及注册制在以下3个方面进行了重点改革：第一，审核方式。科创板的上市审核倾向于注册制。在5个基本上市要

何鲤

求之外，上市申请企业只需满足 5 个市值及财务标准其中 1 项即可。同时，诸如企业市场份额、发展增速及其他特殊业务数据等指标都被纳入企业估值。第二，审核效率。科创板上市审批制度相对宽松。因此，相比以往 A 股排队的情况，科创板的审批速度总体上提升很多。这对上市企业、企业家、管理层和投资人具有非常重要的意义。第三，退市规则。科创板上市规则对退市做出了比较详细的规定，这为上市企业带来了一定的规则层面的压力，对股东形成了保护，对企业也起到了激励作用。

香港交易所环球上市服务部高级副总裁韩颖姣指出，由于每个市场结构不同、投资人结构不同、法律制度不同，在某个

韩颖姣

市场相对比较有效的措施，不一定适合其他市场。所以，如何借鉴其他市场措施，考验着监管者的智慧和平衡。监管者需要结合市场自身情况，思考什么样的政策更加适合借鉴和应用。香港交易所2018年4月进行了上市改革，为新经济公司、未有盈利的生物科技公司上市提供了更包容、创新的制度环境。

　　上海证券交易所发行上市服务中心总经理魏刚指出，现在科创板的发展有3方面特点：第一是体现了包容性；第二是体现了较高的透明性；第三是呈现出较大的可预期性。上海证券交易所在未来的发展中，应把握3个方面：其一是数量，数量体现了资本市场服务实体经济的能力，体现了制度的竞争

魏刚

力，也是质量的保证。其二是公司质量，应坚守科创板定位，提高资本市场违法违规成本，落实企业责任。其三是审核质量，应突出投资决策有效性，突出主体性，突出风险性。

优刻得（UCloud）董事长、首席执行官兼总裁季昕华指出，云计算的发展可划分为6个阶段：第一阶段是提供基础服务，即云计算替换传统的IDC+服务器阶段；第二阶段是提供数据库等基础软件阶段；第三阶段是应用超市阶段；第四阶段是提供诸如安全等服务超市阶段；第五阶段是大数据阶段；第六阶段是人工智能阶段。而人工智能的发展需要4大支柱，

季昕华

分别是算力、数据、算法和应用场景。优刻得致力于提供计算、存储、网络等云计算资源，提供大数据安全流通技术以及人工智能算力技术框架和算法调试环境。

第四范式总裁裴沵思表示，人工智能与智慧集成发展中的驱动力可总结为3点：第一，目前商务化软件在应用层面实现了不断积累，但仍难以单纯地由此形成颠覆性的范式进化；第二，目前一些泛AI技术能够为企业产生巨大价值，但仍无法实现整个模式的变革；第三，企业内部核心数据预测决策是企业最为核心的逻辑链之一，如果它能被AI技术赋能，将产生无法估量的进化驱

裴沵思

动力。因此，帮助企业实现决策转移是颇有前景的发展方向，而这一过程需要工程平台的建设、数据治理模式的发展、更好的管理体系、更进化的机器学习模式以及更为科学的方法论等。

小 i 机器人高级副总裁许弋亚指出，企业应用人工智能，从技术到商业化过程中应注意 3 个方面：第一是要将重点从概念探讨、技术关注或者实验转移到商业落地，在和业务结果有关的场景中实现商业价值；第二是在关注技术创新的同时，要关注应用过程中人及组织、流程、方法论的建立，在人及组

许弋亚

织层面推动技术赋能商业的成果；第三，对于人工智能新兴技术落地应用，首先要干起来，同时在干的过程中不断地迭代优化，改进调整，这样才会走到创新的前列，获得竞争优势。

Advantage Partners 合伙人、中国区总裁郑豫表示，Advantage Partners 作为日本最早成立的并购基金，从1997年日本的金融监管机构允许设立并购基金开始，在过去20多年一直致力于传统行业的投资并取得优秀业绩，例如传统的消费、零售、餐饮连锁、食品、制造业以及现代服务业等。而今 Advantage

郑豫

Partners通过新设立的亚洲基金，投资大中国区和东南亚的发达市场，借此把日本的优势技术、精细化管理经验和中国企业、亚洲企业进行匹配，使其增强竞争能力和获得更高速的成长。从目前来看，中国市场非常广阔，但很多传统行业和基础行业距世界先进水平还有不少的差距，因此在这些领域还有很多可以发展的空间，当然可借由AI的发展趋势，实现产业的升级换代。

深兰科技创始人陈海波指出，当前人工智能的一个着力点，是汲取从符号推理到深度学习的优势，探索新的数字表达的机理，搭建更高效率、可解释的新一代人工智能认知推理的

陈海波

模型，否则目前的深度学习将面临巨大瓶颈。例如对自动驾驶而言，自动驾驶最大的问题不是算法和技术，而是如何判断行人的意图，这是深度学习无法实现的领域，但这又是高级别的自动驾驶必须具备的技术。总而言之，我们期待人工智能在产品端有核心基础研究方面的更大技术突破。

松鼠AI智适应教育联合创始人、CEO周伟表示，松鼠AI是国内第一批从事人工智能自适应教育的公司之一，2014年就开始从事自适应学习的探索。所谓自适应学习，其实是用人工智能的算法做个性化学习路径推荐的学习系统。目前，他们

周伟

正在通过国际合作，开发拥有中国自主知识产权的人工智能的
自适应学习系统，试图解决两个方面的问题：第一是完善学
生的评价体系，精准并丰富学生的学习画像；第二是通过把
握学习画像，通过人工智能自适应的学习，构建以学生个体为
核心的学习体系，大幅度提升学习效率。可以畅想，在未来
5～10 年之内，真正能实现以学生个体为核心的学习体系构
建，在提升学生学习效率的同时降低教师教学成本，把重点从
"教"上向"育"上转移。

IDG 资本合伙人牛奎光认为，从投资人的视角来看，AI

牛奎光

接下来主要投资机会在场景应用。从纵向技术而言，视觉理解、语音识别、交互的自动驾驶已经催生出不少头部企业；从横向应用而言，也有很多案例，比如AI+安全、AI+教育等都比较活跃。另外，人工智能对供应链领域的优化也是一个重要方向。从目前来看，中国人工智能比较强的部分在于工程技术，但在基础性研究方面仍与发达国家存在不少差距，这是与我国现在所处的发展阶段相匹配的。从客观来看，我国可能具有诸多的应用场景，人工智能技术可以与市场以最快速度结合，这也是我国的优势所在。

2. "共建未来法治　共享智能福祉"
——法治论坛

2019年8月30日上午，"共建未来法治　共享智能福祉"法治论坛在上海展览中心友谊会堂成功举办。本次论坛由世界人工智能大会组委会主办，上海市法学会与中国司法大数据研究院承办，浙江清华长三角研究院、上海市科学技术协会、复旦大学、浙江大学、上海政法学院、科大讯飞股份有限公司、上海人民出版社、北京优炫软件股份有限公司协办。

上海市委副书记、政法委书记尹弘出席论坛并致辞。最高人民法院副院长张述元，中国法学会副会长张苏军，上海市副市长龚道安等11名省部级领导、150余名局级干部，上海市法学会党组书记、会长崔亚东，最高人民法院信息中心主任、中国司法大数据研究院院长许建峰，清华大学法学院院长申卫星教授，中国社会科学院法学研究所副所长周汉华研究员，中国知网常务副总经理张宏伟，上海交通大学文科资深教授、中国法与社会研究院院长季卫东，美国亚利桑那州最高法院院

长、首席大法官罗伯特·莫里斯·布鲁蒂内尔（Robert Maurice Brutinel），英国梅蒂斯研究所主席马克·比尔（Mark Beer），斯坦福大学法学院荣誉讲师托马斯·科特·鲁宾（Thomas Cort Rubin），荷兰鹿特丹伊拉斯姆斯大学法律研究生院院长、欧盟法律政策经济学讲席教授克劳斯·海因（Klaus Heine），美国律师、作家、人工智能法律领域专家约翰·弗兰克·韦弗（John Frank Weaver）等嘉宾出席了会议。

论坛上，11位国内外重量级专家学者围绕论坛主题发表

精彩演讲。论坛发布了《世界人工智能法治蓝皮书（2019）》及"人工智能安全与法治导则"。这是世界首部以人工智能法治为内容的蓝皮书，它明确提出"人工智能法治"新概念，构建人工智能法治体系。

本次活动还由虚拟主播运用6种语言发布了《人工智能时代的青年责任倡议书》和《人工智能法治研究联盟协议》，呼吁"青年作为人工智能时代的探索者、研发者、运用者、受益者、管理者，有责任、有义务、有能力保障人工智能在健康、稳定、有序、可持续的轨道上运行。"

嘉宾观点

英国梅蒂斯研究所主席马克·比尔指出，目前，世界上有无数法律协会都在想方设法抑制科技带来的巨大改变，而中国在坚持促进技术发展。随着AI技术更加智能化，到2029年，大部分国际贸易会通过智能合约完成交易，中国将会构建起世界性区块链平台。智能合约是一种自我思考并自我履行的合

马克·比尔

约。未来智能合约繁荣有3大因素，分别是社会信任要求的提升、当前的连接度不够以及地缘政治因素。区块链正在改变法律环境，律师的工作方式也会不断改变，智能环节一旦出错也需要系统进行处理。这就需要中国拥有稳定的加密货币和通用数据库。

清华大学法学院院长申卫星指出，人工智能的法治风险分成3个层次：一为传统的风险，即基于大数据的新一代信息技术应用而引发的隐私保护危机；二为在以自主学习和深

申卫星

度学习为基础的机器学习之下，出现了算法决策风险；三为可计算范围的扩张继续增强了网络社会的形成并对传统法律规则提出了挑战。人工智能技术具有的可快速转移、可高度扩展的特征，导致其安全影响范围广。目前许多国家都在抢占人工智能技术的制高点，同时也在探索人工智能技术应用的监管政策，我们需要一个具有广泛国际共识的人工智能治理框架，从而建立人工智能风险控制的基本底线。据此，我们倡议主权国家之间达成人工智能治理的国际公约，制定基本的人工智能风险防范基本原则，通过组建专门的人工智能风险治理国际协调机构负责国际准则的完善和执行，最终通过各国的立法将国际公认的人工智能治理原则转化为国内的具体法律规则，以此构成人工智能的国际治理体系。

荷兰鹿特丹伊拉斯姆斯大学法律研究生院院长、欧盟法律政策经济学讲席教授克劳斯·海因指出，"公司既没有灵魂可以被诅咒，又没有躯体可以被踢翻，难道你指望它有什么良心吗？"瑟洛（Thurlow）男爵（1731—1806）的这句名言曾经是针对那些拥有自己法人资格的公司的。据推测，是公司而不是人类，将通过金融欺诈和从事危险活动而对社会造成危害。对于人工智能而言，法人资格问题再次被强有力地提上了议事日程。这有两大原因：一是如果人工智能系统独立于人

克劳斯·海因

类做出决策，而且人类对人工智能决策过程不再有深入的洞察力，那么就不可能再假设人类对决策负责；二是人工智能是不能被威慑到的，它既没有良心，也不会被送进监狱，也不会因为罚款而觉得失去了效用。因此，接受机器人可能具有某种法律人格可能更为合适。赋予机器人以法人资格，使有关机器人法律地位的讨论进入了一个新的方向，这不仅暗示着对责任问题的明智解决，而且还与其他法律领域，特别是知识产权和竞争法联系起来了。例如，如果知识产权（部分）属于机器人本身，社会就有更好的机会充分利用这些发明的价值，并促进这些产品之间的公平竞争。

　　美国律师、作家、人工智能法律领域专家约翰·弗兰克·韦弗指出，人工智能技术在证据运用中，可以通过一些特殊方式，如算法透明、人工智能的测试与训练、事后分析等技术来识别和消除偏见。政府可以运用人工智能技术积极推动公共管理领域的法律监管与规范。人工智能得以应用，这将进一步加强法治，促使法律适用更具一致性和可预测性，可以用来消除偏见。

约翰·弗兰克·韦弗

3. "安全赋能 智创未来"
——2019 世界人工智能安全高端对话

　　2019 年 8 月 30 日下午，"安全赋能　智创未来"——2019 世界人工智能安全高端对话在上海世博中心举行。活动由世界人工智能大会组委会主办，上海赛博网络安全产业创新研究院承办，腾讯公司、上海安观信息技术股份有限公司、上海社会科学院互联网研究中心、中电科网络空间安全研究院有限公司、中国欧盟商会协办。活动围绕"人工智能安全前沿探索"与"人工智能安全创新实践"两大议题，分享最新的研究成果与技术实践，探索人工智能安全发展之道。

　　中国互联网发展基金会理事长马利、上海市经济和信息化委员会副主任傅新华、上海市委网络安全和信息化委员会办公室总工程师杨海军出席并致辞。中国科学院院士何积丰、中国工程院院士倪光南、牛津大学人类未来研究所 AI 治理中心主任艾伦·达福（Allan Dafoe）、上海观安信息技术股份有限公司 CTO 胡绍勇、平安集团首席信息安全官陈

建、腾讯安全战略研究中心高级研究员韩李云、优刻得科技股份有限公司高级副总裁陈晓建、杭州安恒信息技术股份有限公司首席科学家刘博、普华永道全球人工智能主管合伙人阿南德·拉奥（Anand Rao）、清华大学战略与安全研究中心秘书长陈琪、中国法学会警察法学研究会会长程琳等嘉宾出席活动。

　　此次高端对话发布了国内首个人工智能安全与法治导则，发布了3份重磅报告（《人工智能时代数字内容治理的机遇与挑战》《人工智能数据安全风险与治理》《智能网联汽车产业趋

势与安全挑战》），公布了2019世界人工智能大会产业安全10大创新实践和10佳优秀论文，并在现场举行了颁奖仪式。此次活动还进行了3个项目的签约（人工智能助力公共安全项目、数据安全护航智能制造项目、多模态协同人工智能工业检测项目），近50家媒体争相报道，新闻内容达百余篇，受到了社会各界的广泛关注。

嘉宾观点

中国工程院院士倪光南指出，我国网信领域整体技术和产业水平已居世界第二，我国企业在全球ICT企业前10名中占据3席。当下必须认清中国网信领域的总态势，找出"短板"和"长板"，制订相应对策，以增强抗风险能力。

倪光南

上海观安信息技术股份有限公司CTO胡绍勇认为，随着人工智能技术进入深度学习阶段，数据安全风险也在不断升级。面对数据隐私、数据集的多样性和均衡性不足、数据集遭到投毒等人工智能领域安全问题，当前各国尚缺乏有效手段，亟须从法律法规、技术标准、企业意识、关键技术等多方面入手，加快探索应对之道。

胡绍勇

优刻得科技股份有限公司高级副总裁陈晓建指出，UCloud是中立、安全的云计算服务平台，自主研发IaaS、PaaS、大数据流通平台、AI服务平台等一系列云计算产品，同时能够深入针对互联网、传统企业在不同场景下的业务需求，提供包括公有云、私有云、混合云、专有云在内的综合性行业解决方案。

陈晓建

　　杭州安恒信息技术股份有限公司首席科学家刘博指出，未来安全产业的发展，一方面在技术生态上需要多方融合，传统的SIEM已经向现代的SIEM转型，新的场景融合、新的技术链布局、新的安全理念的应用应运而生。另一方面，安全产业要扩容升级，5G时代、物联网时代、云时代将安全产业的边界不断扩张，因此整个产业不论是从深度或者宽度来说都在外溢。随着产业数字化以及数字产业化的发展，安全产业将成为国民经济新的增长点。

刘博

　　普华永道全球人工智能主管合伙人阿南德·拉奥提出，全球范围内，各大企业投入大量资源开展人工智能技术的开发和应用研究，但甚少有企业关注安全问题。为了让人工智能进入安全时代，各界应对现阶段人工智能的发展充分评估，并建立起各方参与的协同合作模式。

阿南德·拉奥

4."创新动能　智汇传承"
——AI 青年科学家人才高端会议

　　2019年8月29日下午，"创新动能　智汇传承"——AI青年科学家人才高端会议在上海世博中心举行。活动由世界人工智能大会组委会主办，AI青年科学家联盟·梧桐汇、上海交通大学、氪信科技承办，上海中青年知识分子联谊会、将门投资管理顾问（北京）有限公司协办。活动以联合人工智能领域产学研用各类主体资源为主旨，聚焦AI人才培养和"明日之星"挖掘，邀请海内外顶尖学者及产业界资深人士，剖析中国人工智能学术研究和实践应用的现状，聚焦新一代人工智能方向人才，启动"A班计划"。

　　上海市委常委、统战部部长郑钢淼出席活动并致辞。上海市政府副秘书长赵祝平，上海市经济和信息化委员会副主任张英，上海市委统战部副巡视员李霞，全国政协委员、上海中青年知识分子联谊会轮值会长、上海大学副校长汪小帆，微软全球执行副总裁沈向洋，上海交通大学党委常委、副校长毛军发，微软亚洲研究院学术合作总监马歆，氪信科技创始人、

CEO朱明杰，上海交通大学研究员、博士生导师卢策吾，美团点评搜索与NLP负责人王仲远，上海纽约大学工程与计算机科学系主任基思·W. 罗斯（Keith W. Ross），商汤科技总裁张文等嘉宾出席了活动。

　　"A班计划"由AI青年科学家联盟·梧桐汇发起，获得了上海市政府及相关部门的大力支持。作为旨在挖掘、培养AI学术研究人才和创业人才的精英项目，"A班计划"聚焦于全球顶尖学府的人工智能方向博士生，通过联盟现有资源及外部产、学、研、政资源深度整合，打造未来学术和产业领军人物的"加速器"。"A班计划"在遴选之

初，就把目光投向了全球范围内的优秀博士生和初创企业创始人（融资不超过 A 轮），其"硬性条件"包括年龄在 20 ～ 30 岁、世界顶级学术会议的认可度、创业方向的科技含量等。在本次会议上，"A 班计划"正式启动，AI 青年科学家联盟执行理事、上海交通大学教授、吴文俊博士班班主任卢策吾在论坛上宣读了首届 A 班成员名单，并由中国科学院院士，上海交通大学党委常委、副校长毛军发，市委统战部副巡视员李霞和全国政协委员、上海中青年知识分子联谊会轮值会长、上海大学副校长汪小帆为 A 班成员颁发证书。

"A班计划"首批招募学员合影

嘉宾观点

AI青年科学家联盟执行理事、氪信科技创始人朱明杰指出，AI的时代风口，更加垂青于全才型AI创业者。创业公司首先要解答好商业本质问题，完成"从产品到客户到研发再投入"的商业闭环，确保自身健壮成长，才有可能成为伟大的科技企业。人才之外，有效的环境是人才、市场、科研之间形成不断迭代的成功闭环。

朱明杰

5. 全球高校人工智能学术联盟
——2019校长圆桌会议

　　2019年8月30日上午，"全球高校人工智能学术联盟——2019校长圆桌会议"在余德耀美术馆举行。活动由世界人工智能大会组委会主办，全球高校人工智能学术联盟承办，上海交通大学、商汤集团有限公司协办。活动以"学术无国界　众智创未来"为主题，由国内外人工智能领域顶尖高校相关人士进行高端对话，进一步推动全球人工智能领域专家学者的紧密交流，促进跨国界、跨学科的学术研究合作，共同探索以高校研发为核心的产业化推进模式。

　　上海市副市长陈群、上海交通大学党委书记姜斯宪出席活动并致辞。图灵奖获得者、卡内基梅隆大学教授拉杰·雷迪，中国人民解放军军事科学院副院长、上海交通大学人工智能研究院院长梅宏、麻省理工学院名誉校长埃里克·格里米森（Eric Grimson），卡内基梅隆大学计算机学院院长汤姆·米切尔等嘉宾出席了活动。

　　会议现场，"全球高校人工智能学术联盟"正式揭牌成立，

上海市副市长陈群、上海交通大学党委书记姜斯宪、上海市经济和信息化工作党委书记陆晓春、徐汇区区长方世忠等领导与各校长、院长、专家学者共同为联盟揭牌。

嘉宾观点

图灵奖获得者、卡内基梅隆大学教授拉杰·雷迪指出，学术联盟的成立是一个全新的尝试，更是一个全新的创举。他提出3点建议：第一，如果每个高校能找到非常热衷于这件事的

拉杰·雷迪

人，而且有明确目标和产出物，这个学术联盟一定能产出伟大的成果；第二，通过学术联盟，大家能够学习不同的文化、知识，吸收不同的想法和思路，然后回到他们自己的学术领域，不断地研究和探索；第三，这个世界的人才培养不是平均分配的，联盟要能够为底层人才提供培养通道，比如给予奖学金，挖掘培养有潜力的人才。

卡内基梅隆大学计算机学院院长、《机器学习》作者汤姆·米切尔认为，国际合作的重要性是全球主流高校的共识，

汤姆·米切尔

我们需要共同优化这样的国际交流与合作，包括对学生参与国际交流的资助，以及对软件开放资源的扶持。资源开放共享是AI研究的核心驱动力，资源开放利用的范围不断扩大，对全球AI科学的发展和合作研究的开展是非常有利的。国际高校的互动能够确保学术界接下来践行的每一步都更加坚实。

芝加哥大学教授詹姆斯·埃文斯（James Evans）指出，AI本身不应该脱离其他的专业以及科研数据共享的价值。学术界应该鼓励促进研究的公平性和包容性，鼓励学科多元化，并把多

詹姆斯·埃文斯

元化引导至更全面、更稳定的方向发展，融入不同领域、不同知识内容。他同时建议加强科学化的学术透明性，关注相关领域产业的发展，并对大公司在学术界产生的影响进行多维度思辨。

中国科学技术大学计算机科学与技术学院教授、执行院长李向阳认为，全球化带来的是可以让科研人才成长、学习、贡献的机会。在吸引和培养科研人才时，高校要肩负起打造创造性平台的责任，让教职员工、学生和学术联盟的成员都有机会参与进来。要切实考虑如何提升科研人才的个人能力，充分

李向阳

理解他们的愿景和计划。除此之外，还要吸引不同层次的人才，帮助他们建立能够实现心中愿景的更好的规划，使他们成为更好的领导者，产生更大的建树和价值。

　　浙江大学教授陈刚指出，浙江大学目前正在执行产研合作和人才引进两个举措，分别是浙江大学、阿里巴巴集团及之江实验室成立研究院进行人工智能与数字经济相关研究，以及浙江大学的全球招聘人才方案。通过打造一个人工智能的普适化的工具和平台，尝试做到AI+X模式，与学校的其他多个学

陈刚

院分别开展合作，借助这样的方式推进产研结合。

　　商汤科技创始人、香港中文大学信息工程系教授汤晓鸥认为，高校联盟的创立是为了与各位学术泰斗、一流院校、研究机构，以及政府进行对话。近3年的时间，人工智能蓬勃发展，巨头公司涌现且活跃在人工智能的舞台上，但与此同时也需要更多来自高校学术研究的声音。高端对话能提供与专家进行头脑风暴的机会。建议高校间能够加强有序合作与交流，相信未来会有更多的成果不断涌现。

汤晓鸥

6. AI国际路演、应用场景及项目对接论坛

2019年8月30日下午，"国际日系列活动——AI国际路演、应用场景及项目对接论坛"在上海世博中心517会议室举行。活动由世界人工智能大会组委会主办，上海市经济和信息化委员会、东浩兰生（集团）有限公司承办，上海人工智能发展联盟、中国联合网络通信有限公司、上海科技创业投资（集团）有限公司、上海集成电路产业投资基金管理有限公司协办。活动旨在面向全球人工智能企业征集人工智能应用场景解决方案，有效对接技术支撑和匹配社会资源，推动新技术、新产品、新模式的率先运用，将技术加速转变为现实生产力，发展新商业。

上海市副市长许昆林出席开幕式并致辞。上海市政府副秘书长，浦东新区区委副书记、区长杭迎伟和英国国际贸易部中国区医疗卫生总监西蒙·梅洛（Simon Mello）出席活动并致辞。此外，上海市经济和信息化委员会副主任戎之勤、张英，米兰市副市长罗伯塔·科科（Roberta Cocco），中国工程院院

士吴志强，联合国工发组织贸易投资创新司司长贝尔纳多·卡尔萨迪利亚·萨米尔恩托（Bernardo Calzadilla Sarmiento），加州大学洛杉矶分校计算机科学教授、英国皇家学院院士德米特里·特佐普罗斯（Demetri Terzopoulos），德国斯图加特大学建筑应用学院院长马尔科·艾洛（Marco Aiello），德国路德维希堡智慧城市研究院院长希里纳·埃特扎德扎德恩（Chirine Etezadzadeh），土耳其驻上海总领事萨布里·通克·安吉利（Sabri Tunc Angili）以及英国标准协会全球商务总裁哈罗德·普拉达尔（Harold Pradal），上海摩尼人工智能科技有限公司 CEO 刘芹羽，IBM 副总裁谢东，以色列 Sonaris 科技公司

CEO汤姆·梅布拉姆（Tom Mayblum）等嘉宾出席了活动。

　　活动中，以色列医疗企业Biobeat商业发展经理奥尔·哈斯克尔（Or Haskel）、英国生物技术公司Chief AI创始人及CEO瓦卡尔·阿里·沙阿（Waqar Ali Shah）、英国智能企业Conundrum业务发展主管列夫·戈德费尔德（Lev Goldfeld）等10余家国际创新企业高管展示了一批在人类健康、工业制造等领域有前景的人工智能产品和应用。

　　活动现场，微软宣布人工智能商学院项目正式上线，该项目将面向全球企业领导者，提供一系列围绕人工智能战略、

奥尔·哈斯克尔

瓦卡尔·阿里·沙阿

列夫·戈德费尔德

企业文化建立和变革、技术基础和负责任的人工智能等主题模块的在线课程。同时，中国工程院院士吴志强、上海市经济和信息化委员会副主任戎之勤、谢菲尔德大学城市学院主任西蒙·马尔温（Simon Marvin）、德国路德维希堡智慧城市研究院院长希里纳·埃特扎德扎德恩共同发起了《全球人工智能城市生态倡议》。该倡议提出，全球的人工智能和智能城市建设不能孤立地发展，世界各地城市必须共同努力，互相借鉴、互通有无、彼此合作，构建充满无限可能的全球人工智能生态圈。

7. AI 进化论·人工智能创新成果 Show

　　2019 年 8 月 30 日上午至下午，"AI 进化论·人工智能创新成果 Show"在上海世博中心 619 会议室举行。活动由世界人工智能大会组委会主办，上海人工智能发展联盟、上海市智能制造业行业协会承办，上海东方飞马投资管理有限公司协办，亿欧、机器之心为合作媒体。活动以"AI 创新应用，开启智慧之路"为主题，聚焦人工智能各领域创新实践，探索人工智能硬件变革与软件创新的可行路径，展示人工智能各领域最新的创新探究成果，呈现人工智能未来应用的全新图景。

　　活动当天共有 27 个人工智能领域的企业登台展示各自的创新成果。在人工智能企业代表、媒体代表、研究机构代表、投资机构代表、有关学会和协会代表等各界人士共同见证下，大会组委会为登台展示的企业颁发了创新成果证书，以鼓励更多企业开展创新实践探索。

　　上海市经济和信息化委员会副主任张英、上海市智能制造产业协会会长徐洪海出席活动并致辞。中国科学院院士、

上海交通大学副校长、上海交通大学人工智能研究院院长毛军发，飞马旅联合创始人、零点有数董事长袁岳，亿欧联合创始人兼总裁王彬，机器之心合伙人陈晨等嘉宾出席了活动。

8. AI+艺术欣赏体验会

2019年8月29—31日，"AI+艺术欣赏体验会"在上海梅赛德斯奔驰中心音乐俱乐部举行。活动由2019世界人工智能大会组委会指导，上海市经济和信息化委员会、上海市浦东新区人民政府、上海音乐学院主办，上海音乐学院数字媒体艺术学院、数字光线研发中心、中国信息通信研究院华东分院承办。活动紧扣2019世界人工智能大会主题"智联世界 无限可能"，展现人工智能等新技术与音乐、舞蹈、戏曲等艺术结合的创新活力与独特魅力，AI+艺术既是演绎人类文明、科技发展的进程，也是"学习、传承、创造"的过程。

活动通过机械臂舞蹈、虚拟歌手、全息影像、三维立体影像、人形机器人、多媒体交互影像等AI+应用与传统音乐演奏、舞蹈、声乐、弦乐的高度协同与配合，向与会领导、嘉宾、媒体以及社会公众精彩呈现新的艺术形式。这一崭新的呈现形式为中国上海首创，部分节目为原创、首发。

上海市经济和信息化委员会主任吴金城，上海市经济和

信息化委员会副主任张英，浦东新区区委常委、统战部部长金梅，浦东新区区委宣传部副部长、文化体育和旅游局局长黄玮，上海音乐学院党委常委、组织部部长冯磊，上海禾念信息科技有限公司总裁曹璞，浦东新区副区长姬兆亮，上海市文化和旅游局副局长张旗，中微半导体创始人尹志尧，中国信息通信研究院华东分院首席科学家贺仁龙，唯众传媒股份有限公司总裁杨晖，上海音乐学院副院长侯玉立等嘉宾出席了活动。

《对话·寓言2047》第二季选送《神鼓·影》（机械臂装置与舞蹈、打击乐）：机械臂模仿人类的肢体动作，通过投影与舞者实时互动。击鼓、呼麦两种古老的音乐形式与机械工业感的舞台呼应，展现AI时代人与机器的和谐共生。

《茉莉花》(虚拟歌手演唱，钢琴、二胡伴奏)：虚拟歌手洛天依突破"次元壁"，在钢琴、二胡的伴奏下"演唱"经典民歌《茉莉花》。虚拟流行歌者与真人古典乐师同台演出，无缝连接，营造虚实相融的观演体验。

间奏一：俯视大地，启航。

《镜·界》(全息影像与舞蹈、弦乐四重奏)：弦乐四重奏中，艺术家与他的全息影像共舞，构筑光影交错的镜像世界。寓意天地融合，多元共生。

间奏二：人与自然，物我两忘，相生相长。

《朝元歌》（三维立体影像与昆曲、萨克斯流行音乐）：昆曲与萨克斯流行音乐相结合，象征着中西方艺术的对话。通过3D眼镜观演，立体影像与演员动态交互，呈现虚实幻化的视觉奇观，仿佛身临其境。

间奏三：科技发展，城市文明，AI 让生活更美好。

《Perfect》（人形机器人钢琴弹唱）：来自意大利的机器人特奥，坐在钢琴边独奏弹唱。古典钢琴与人工智能的协奏，展示未来科技将重塑审美，赋予人类不断向前的力量。

间奏四：AI 推动文明发展，创新的征程，向未来延伸。

《祈愿》（多媒体交互影像与舞蹈、器乐）：舞者在"砂砾"中起舞，与高速摄像机捕捉而得的动态投影实时互动，画面不停地分裂重组、抽离聚合，象征着时间流逝与万物变迁。

间奏五：科技助力人类发展，探索未知。

《歌唱祖国》（人形机器人与歌手合唱）：歌唱家、童声合唱团与机器人特奥一同放歌，为新中国70华诞献礼。在人工智能时代，中华民族勇立潮头，不断为人类文明贡献智慧。

附录

嘉宾人名索引

（续表）

（续表）

何桂立	中国信息通信研究院副院长	上篇	01	工业论坛
何 鲤	美国达维律师事务所合伙人	下篇	01	智慧新经济
胡赓熙	浙江我武生物董事长	中篇	05	认知智能
胡 健	北京一览群智 CEO	中篇	05	认知智能
胡绍勇	上海观安信息技术股份有限公司 CTO	下篇	03	人工智能安全
黄萱菁	中国中文信息学会常务理事、复旦大学教授	中篇	04	语言论坛
黄 璿	中国联合网络通信有限公司上海市分公司物联网运营中心总经理	上篇	01	工业论坛
Klaus Heine（克劳斯·海因）	荷兰鹿特丹伊拉斯姆斯大学法律研究生院院长、欧盟法律政策经济学讲席教授	下篇	02	未来法治
Or Haskel（奥尔·哈斯克尔）	以色列医疗企业 Biobeat 商业发展经理	下篇	06	AI 国际路演
J				
季 姮	伊利诺伊大学香槟分校教授	中篇	04	语言论坛
季昕华	优刻得董事长、首席执行官兼总裁	下篇	01	智慧新经济
江崇龙	埃森哲中国数字董事、总经理	上篇	12	智慧零售论坛

（续表）

（续表）

梁长虹	广东省人民医院影像医学部主任兼放射科主任，中华医学会放射学分会副主任委员	上篇	05	医疗论坛
林达华	香港中文大学信息工程系教授，商汤科技联合创始人，商汤研究院副院长，香港中文大学-商汤科技联合实验室主任	中篇	03	开发者日
刘 博	杭州安恒信息技术股份有限公司首席科学家	下篇	03	人工智能安全
陆晋军	上海理想信息产业集团有限公司总经理	上篇	01	工业论坛
M				
毛新生	数坤科技创始人	上篇	04	健康论坛
Tom Mitchell（汤姆·米切尔）	卡内基梅隆大学计算机学院院长、《机器学习》作者	上篇 中篇 下篇	03 01 05	教育论坛 算法论坛 高校联盟
N				
倪光南	中国工程院院士	上篇 下篇	02 03	芯片论坛 人工智能安全
牛奎光	IDG 资本合伙人	下篇	01	智慧新经济
P				
裴泳思	第四范式总裁	下篇	01	智慧新经济

（续表）

蒲慕明	大会共同主席、中国科学院神经科学研究所所长、中国科学院院士	中篇	02	类脑论坛
Q				
邱锡鹏	复旦大学计算机科学技术学院副教授	中篇	06	自然语言处理
R				
Anand Rao（阿南德·拉奥）	普华永道全球人工智能主管合伙人	下篇	03	人工智能安全
David Rarber（大卫·拉伯）	伦敦大学学院人工智能中心主任	下篇	01	智慧新经济
Raj Reddy（拉杰·雷迪）	图灵奖获得者、卡内基梅隆大学教授	下篇	05	高校联盟
S				
商德明	Arm China高级市场发展经理	中篇	08	EasyAR增强现实
申卫星	清华大学法学院院长	下篇	02	未来法治
盛　斌	上海齐感电子信息科技有限公司CEO	上篇	09	智能传感论坛
苏玉学	浙江中之杰智能系统有限公司总裁	上篇	01	工业论坛
孙会峰	赛迪顾问股份有限公司总裁	上篇	02	芯片论坛

（续表）

Daniel Lewis Schwartz（丹尼尔·刘易斯·施瓦茨）	斯坦福大学教育学院院长、教授，美国国家研究委员会成员	上篇	03	教育论坛
Viral B. Shah（维拉尔·沙阿）	Julia语言创始人之一、Julia Computing联合创始人兼首席执行官	中篇	03	开发者日
Jürgen Schmidhuber（于尔根·施米德胡贝）	NNAISENSE联合创始人兼首席科学家、瑞士IDSIA科研主任、"递归神经网络之父"	中篇	05	认知智能
Nick Schwab（尼克·施瓦布）	Invoked Apps创始人	中篇	06	自然语言处理
Waqar Ali Shah（瓦卡尔·阿里·沙阿）	英国生物技术公司Chief AI创始人及CEO	下篇	06	AI国际路演
T				
汤晓鸥	商汤科技创始人、香港中文大学信息工程系教授	下篇	05	高校联盟
唐亮	Techcode太库科技全球CEO	中篇	05	认知智能
陶大程	澳大利亚科学院院士、悉尼大学教授	上篇	04	健康论坛
涂意	视+AR联合创始人兼COO	中篇	08	EasyAR增强现实

（续表）

Demetri Terzopoulos（德米特里·特佐普罗斯）	英国皇家科学院院士、体素科技首席科学家	上篇	04	健康论坛
Jill Tang（吉尔·唐）	Ladywhotech联合创始人	上篇	10	未来金融论坛
W				
万 超	腾讯云副总裁	上篇	07	智慧建筑论坛
汪 键	兰丁高科创始人	上篇	04	健康论坛
王宏善	罗克韦尔自动化（中国）有限公司NSSTeam工控安全高级研究员	上篇	01	工业论坛
王金鹤	强生心血管和专业解决方案事业部总经理	上篇	04	健康论坛
王立威	北京大学信息学院教授	中篇	01	算法论坛
王 强	东浩兰生集团董事长	上篇	07	智慧建筑论坛
王 庆	重阳投资总裁	下篇	01	智慧新经济
王伟楠	视+AR联合创始人兼CPO	中篇	08	EasyAR增强现实
王小捷	中国人工智能学会常务理事、北京邮电大学教授	中篇	04	语言论坛
王晓冬	中科云谷科技有限公司CEO	上篇	01	工业论坛
王 翌	上海流利说信息技术有限公司创始人、董事长兼CEO	上篇	03	教育论坛

（续表）

王 政	通联数据股份公司创始人兼CEO	上篇	11	金融科技论坛
韦广林	中国联通5G创新中心战略合作中心总监	中篇	08	EasyAR增强现实
魏 刚	上海证券交易所发行上市服务中心总经理	下篇	01	智慧新经济
魏少军	清华大学微电子所所长	上篇	02	芯片论坛
吴朝晖	中国科学院院士、浙江大学校长	上篇	03	教育论坛
吴 甜	百度AI技术平台体系执行总监	中篇	03	开发者日
吴小东	上海电器科学研究所（集团）有限公司副总裁	上篇	01	工业论坛
吴晓如	科大讯飞执行总裁	上篇	03	教育论坛
吴毅红	中国科学院自动化研究所、模式识别国家重点实验室研究员	中篇	08	EasyAR增强现实
吴志强	中国工程院院士、同济大学副校长	上篇	06	未来城市论坛
John Frank Weaver（约翰·弗兰克·韦弗）	美国律师、作家、人工智能法律领域专家	下篇	02	未来法治

（续表）

（续表）

俞　勇	上海交通大学教授、博士生导师，伯禹教育创始人	上篇	03	教育论坛
郁　亮	万科集团董事会主席	上篇	06	未来城市论坛
袁进辉	一流科技创始人，清华大学计算机系博士、博士后	中篇	03	开发者日
Z				
张　海	万科集团高级副总裁、上海区域事业集团首席执行官	上篇	06	未来城市论坛
张　怀	安硕信息高级副总裁	中篇	05	认知智能
张惠茅	吉林大学白求恩第一医院放射线科主任	上篇	05	医疗论坛
张　立	云从科技副总裁	上篇	02	芯片论坛
张连文	香港科技大学教授	中篇	06	自然语言处理
张　民	苏州大学特聘教授、人工智能研究院副院长，国家杰出青年科学基金获得者	中篇	04	语言论坛
张楠赓	嘉楠科技 CEO	上篇	02	芯片论坛
张　强	上海联影医疗科技有限公司联席主席	上篇	09	智能传感论坛
张小军	视 +AR 创始人兼 CEO	中篇	08	EasyAR 增强现实
张　治	上海电教馆馆长	上篇	03	教育论坛
镇立新	合合信息科技发展有限公司董事长	上篇	10	未来金融论坛

（续表）

郑 豫	Advantage Partners 合 伙人，中国区总裁	下篇	01	智慧新经济
周 军	北京眼神科技有限公司创始人兼CEO	上篇	11	金融科技论坛
周昆平	交通银行战略发展部副总经理	上篇	10	未来金融论坛
周 伟	松鼠AI智适应教育联合创始人、CEO	下篇	01	智慧新经济
周志华	南京大学计算机系主任、人工智能学院院长，欧洲科学院外籍院士	中篇	01	算法论坛
朱家麒	中国传感器物联网产业联盟副秘书长、国家智能传感器创新中心副总裁	上篇	09	智能传感论坛
朱明杰	AI青年科学家联盟执行理事、氪信科技创始人	下篇	04	AI青年科学家
祝 一	德意志银行环球金融交易业务部中国创新及金融科技产品主管	上篇	11	金融科技论坛

后 记

2019世界人工智能大会成功召开后，在大会组委会的统一安排和各级领导的关心支持下，大会成果的汇编出版工作随即启动。2019年10月，大会第一本成果《智联世界》正式出版，该书汇编了以大会主论坛演讲嘉宾为主的精彩观点，得到了业内和社会各界的广泛关注。之后，大会组委会继续推进大会其他板块内容的整理出版，经过与上百位演讲嘉宾的多次沟通确认，最终完成了《智联世界——AI行业前瞻思想荟萃》的编撰工作。

本书正文文字内容来源于大会各场主题论坛、行业论坛和特色活动的情况介绍和嘉宾演讲实录。在编写的过程中，我们得到了各位演讲嘉宾的授权，对他们在大会上演讲的精彩观点进行了梳理提炼。本书的内容编辑，包括素材整理、文本梳理、嘉宾联络等工作，由上海市经济和信息化委员会、上海社会科学院经济研究所、东浩兰生（集团）有限公司等大会承办单位和相关团体承担。本书的设计和出版得到了上海世纪出版集团上海科学技术出版社的支持推动，他们的辛勤付出是本书得以出版的重要保证。同时，本书的出版也离不开大会各主办单位和上海市各级领导、有关部门的大力支持。在此一并表示感谢。

世界人工智能大会组委会

2020年4月

图书在版编目（ＣＩＰ）数据

智联世界．AI行业前瞻思想荟萃 / 世界人工智能大
会组委会编． -- 上海 : 上海科学技术出版社，2020.7
　ISBN 978-7-5478-4956-9

　Ⅰ．①智… Ⅱ．①世… Ⅲ．①人工智能－国际学术会
议－文集 Ⅳ．①TP18-53

中国版本图书馆CIP数据核字(2020)第093822号

责任编辑： 包惠芳　徐　梅
装帧设计： 包晨晖

智联世界——AI行业前瞻思想荟萃

世界人工智能大会组委会　编

上海世纪出版(集团)有限公司
上海 科 学 技 术 出 版 社 出版、发行
（上海钦州南路71号　邮政编码200235　www. sstp. cn）
上海雅昌艺术印刷有限公司印刷
开本 889×1194　1/32　印张 8.5
字数 160千字
2020年7月第1版　2020年7月第1次印刷
ISBN 978-7-5478-4956-9 / TP·68
定价：75.00元